次世代建設産業戦略2035

ストック利活用による新たな発展を目指す

次世代建設産業モデル研究所所長
五十嵐 健

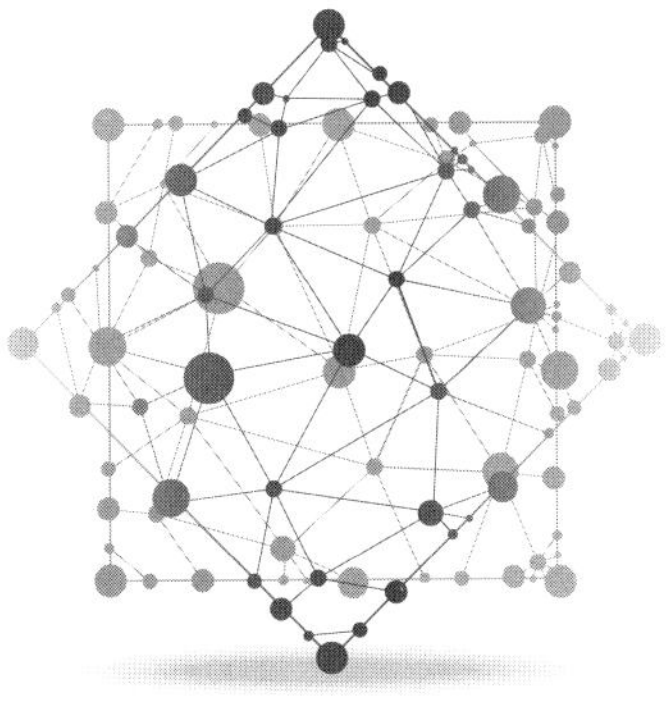

日刊建設通信新聞社

発刊によせて

この度、私の敬愛する五十嵐健氏が、「次世代建設産業戦略2025」を14年に上梓されて以来、多方面からの要望に応えて約8年ぶりに「次世代建設産業戦略2035」を世に出されることになりました。

前回の「2025」も、膨大な資料や論文を読み込んだうえで、他産業や海外建設企業の研究も踏まえて著された労作でしたが、そこに一貫して流れていたのは、戦後積み上がってきた社会資本ストックの価値を再認識することによって建設産業が持つノウハウを活用できる未来が待っている、という建設産業に携わる人々へのエールだったように思います。

今、建設産業は、さらなる担い手不足の招来を念頭に置いた働き方改革、生産性の向上、建設DXの推進、脱CO2社会への対応が迫られる時代に直面しており、将来の建設市場の不透明さとも相まって、現状に危機意識あるいは漠然とした不安を感じている方も多く、将来ビジョンが提示されることを望む声が強まっています。

幾多の時代の波を乗り越えて成熟産業となった建設産業ではありますが、質的側面においてかつてない変換期を迎え、なかなか新たなビジョンを作りにくい状況の中で、あえて五十嵐氏は10年後を見据えた戦略を示されました。

それは、特にデジタル革命に注目し、「２０２５」と同様に我が国のストックに大きな価値やアドバンテージを見出しつつ、デジタルの新しいツールを使って、他産業とも連携しつつさらにその価値を高め、さらには新しい価値を生み出していくことによってストックビジネスを展開しようとするもので、大変示唆に富んだものとなっており、これから建設産業の未来を切り開かれようとされている方々の大いなる指針となるものと確信しています。

今までの研究の集大成として本著を著された五十嵐氏の建設産業への熱い思いと旺盛な探求心に改めて敬意を表したいと思います。

一般財団法人建設経済研究所　理事長　佐々木　基

はじめに

現在日本は、少子高齢化の進行により経済活力が低下していく方向にある。一方明治以降目標としてきた社会インフラの近代化は、昭和の高度成長期を経て平成の時代にはほぼ欧米先進国並みに整備され、温暖化の進行にも拘わらず国土の安全・安心は海外に比較して高水準を確保している。

それに、自然に恵まれた島国である日本の気候とそこで形成された文化や生活環境の魅力が加わり、海外からのインバウンド需要は急拡大している。

世界は今、5G（第5世代移動通信システム）時代の到来により、ビッグバン時代と呼ばれる経済社会の大変革期を迎えている。そのことは社会基盤の形成維持を目指す建設産業の在り方にも大きな影響を与える。

そうした社会環境の激変期にあたって、本書は既刊『次世代建設産業戦略2025　活力ある建設ビジネス創成への挑戦』（発行2014年12月）の続編として、建設産業の「デジタル革命時代の企業価値の創生」を考える参考に資するためにまとめたものである。

建設事業の経営戦略を考えるためには、現在進行中の建設業と不動産業の一体化だけでなく「情報革命による見えない時代の変革メカニズム」を考える必要がある。

欧米や中国では5G時代の到来を機にGAFAMなどの巨大IT企業が多く生まれた。そうした企業の創業者に共通する資質は、新たな産業が成長する時代の本質を認識し、それに最適のシステムを構築する能力だった。

これに対し日本は、その認識が脆弱《ぜいじゃく》だがその代わり共生型の産業風土が強く存在し、ソニーや富士フイルム・日立・トヨタなど多くの優良企業が現在も活躍を続けている。そうした企業の強さの源泉は、組織力と資金力そして人材教育投資にある

現状5G時代に周回遅れと言われる建設産業にも同様の産業文化が存在しており、本書の編集にあたっては、それをさらに一歩掘り下げることで建設・不動産業経営者に新たな時代に対応する経営戦略を考えてもらうこと意図した。

令和に向けた企業の新たな発展を考えるにあたって、ぜひ本書を活用してもらいたい。

目　次

第2章　5Gとウィズコロナ、激変の時代の経営戦略見直し

第3章　激変の時代に向け経営戦略の再構築を考える

ＤＸと脱炭素時代に向けた経営戦略の再構築を考える

第4章 DX時代の営業戦略を考える

第5章　デジタル革命の先にある建設産業の新たな未来に向けて

産業ビッグバン〜次世代事業創生の時代に向けて〜

第 1 章

令和の日本はストック利活用による経済発展の時代

1-1

◆現在は、高度成長期のインフラ投資の収穫期

人口減少と５Ｇ（第5世代移動通信システム）時代の産業ビッグバンを迎え、建設産業の事業戦略の構築方法は転換期を迎えている。特にＩＴ時代に対応できる人材の確保と経営感覚の醸成は急務であり、それを活用したサプライチェーンの再構築と生産性の向上が企業の存亡を左右することになる。

２０１５年以降の５年間の市場回復によって企業の財務体質が健全化した。しかし多くの企業は建設経営人材とＩＴ能力の強化、年代構成の面から企業は多角的な人材の更新期を迎えている。そのことは企業トップも認識しており、[注1] i-Construction（以下ｉ－Ｃｏｎ）や働き方改革の推進が企業体質改善の好機だと考え、これまで以上に積極的に取り組んでいる。

しかし20年あたりから4週6休体制の実現など、具体的成果の面で意欲はあるが成果は踊り場状態にあり、さらに新型コロナウイルス騒動も加わり、現在はその混乱を脱して好循環へと向かうのかどうかの分

	昭和の高度成長期	令和の人口縮減期
日本の人口構成	昭和初期 ⇒ 昭和末期 6000 万人 12000 万人	令和初期 ⇒ 令和 30 年 12500 万人 10000 万人
経済活動の特性	若年人口の増加による 生産と消費の好循環	人口の減少と高齢化進行の中で ストック利活用による経済発展
経済成長のエンジン	工業生産による産業拡大 生活向上による消費拡大	ストック機能活用による利便性向上 ストックの魅力による内需拡大 Iot & AI の革新的発展による事業革新
建設産業に関する市場成長分野	①社会インフラの整備拡充 ②企業インフラの整備拡充 ③生活インフラの整備拡充	①観光・文化施設の高度化と拡充 ②ストック活用による国土の強靭化 ③ストック活用による生活水準向上
進歩による性能と生産性の向上	①機械力による生産性向上 ②産業インフラの近代化	① 5G 時代の IT 活用による生産性向上 ② SDGs 対応による持続可能性の追求
当面の取組課題	①i-Construction 推進による生産性の２割 UP 実現 ②働き方改革とキャリアップ制度による就労環境改善と人材確保	

次世代建設産業モデル研究所五十嵐健作成

図１　令和の日本はストック利活用による経済発展の時代

岐点にある。

ゼロサム経済の持続やコロナ騒動の中で、そのマイナスを取り戻し、新たな社会の成長エンジンを考えると、大幅な投資をしないで景気の循環効果を促進する政策になる。そのためには現在あるストックを適正に維持管理し、経営資源を再利用するだけでなく、それに将来の社会変化やニーズを付加して価値を向上させ、さらなる経済活動の循環を強化する必要がある。

それには単なるモノの循環利用ではなく、情報価値と不足する機能を付加していく必要がある。このため「令和の時代はリサイクルからストック利活用による経済拡大の時代」になると考えている。

注１…「ＩＣＴ（情報通信技術）の全面的な活用」などの施策を建設現場に導入することによって、建設生産システム全体の生産性向上を図り、もっと魅力ある建設現場を目指す取り組み。▽土工におけるＩＣＴの全面的な活用▽コンクリート工における規格の標準化▽施工時期の平準化――の３点が大きな柱となっている。

◆5G時代のIT活用による生産性向上で現状打開

戦後の高度経済成長時代に日本は国土の均衡ある発展を目指して、物流の動脈となる高速道路網や港湾・空港などの整備を進め、20年にようやくその補強も含めた整備が終了を迎えた。

一方、コロナ騒動以前を考えると、インバウンド需要の流れが大都市圏から全国各地に及び、その訪問者もアジアから欧州へ広がり、来日の目的も多様化していた。その目的は「日本らしさ」を求めてのもので、そのエンジンは歴史の中で蓄積された日本の文化的ストックと言うことになる。

また彼らが旅で利用する交通網や施設の多くもこの間に整備されたインフラストックである。

こうしたインフラストックの利活用のよる経済発展は重要で、石の文化が基調にある欧米ではインフラ施設、特に建築施設は平均寿命が百数十年と言われ、日本に比較して格段に長いため、その利活用の仕組みには学ぶ点が多い。

日本でも不動産事業はこの方向に進みつつある。バブル崩壊後に不動産事業者は所有&開発から利用へ事業の視点を転換し、資金負担の分離を果たしたことが今日の不動産事業の再発展の契機になっている。

さらにこの10余年の不動産事業の活性化は、情報のデジタル化による透明性と流通近代化、専門分化による産業全体としての効率化・低コスト化によるところが大きい。

日本におけるデジタル化は、設計や生産情報のＢＩＭ化から進めており、都市&不動産施設の利活用の生産性向上による利用者の利便性向上や関連産業の急速な発展までには依然距離があり、真面目ではあるが進みは遅い。

これに対し、欧米では、ＧＡＦＡＭやファーウエイのような先進企業が急速なスピードで成長し、無店舗販売や不動産投資をけん引している。このシリーズでは海外、特に米国やシンガポールなどの現在の都市・建築分野のデジタル情報システムの整備の動向をみながら、彼らのやり方が日本とどう違うのか、これに対して日本企業はどのようなやり方で対応すべきか考えていきたい。

また近年、自然災害が激化する中で、既存ストックとＩＴ技術の進歩を活用しながら都市や地域の生活を守る国土強靭化をどのように進めていくべきかについても考えたい。

1-2

◆課題はデジタルインフラによる国土強靱化推進

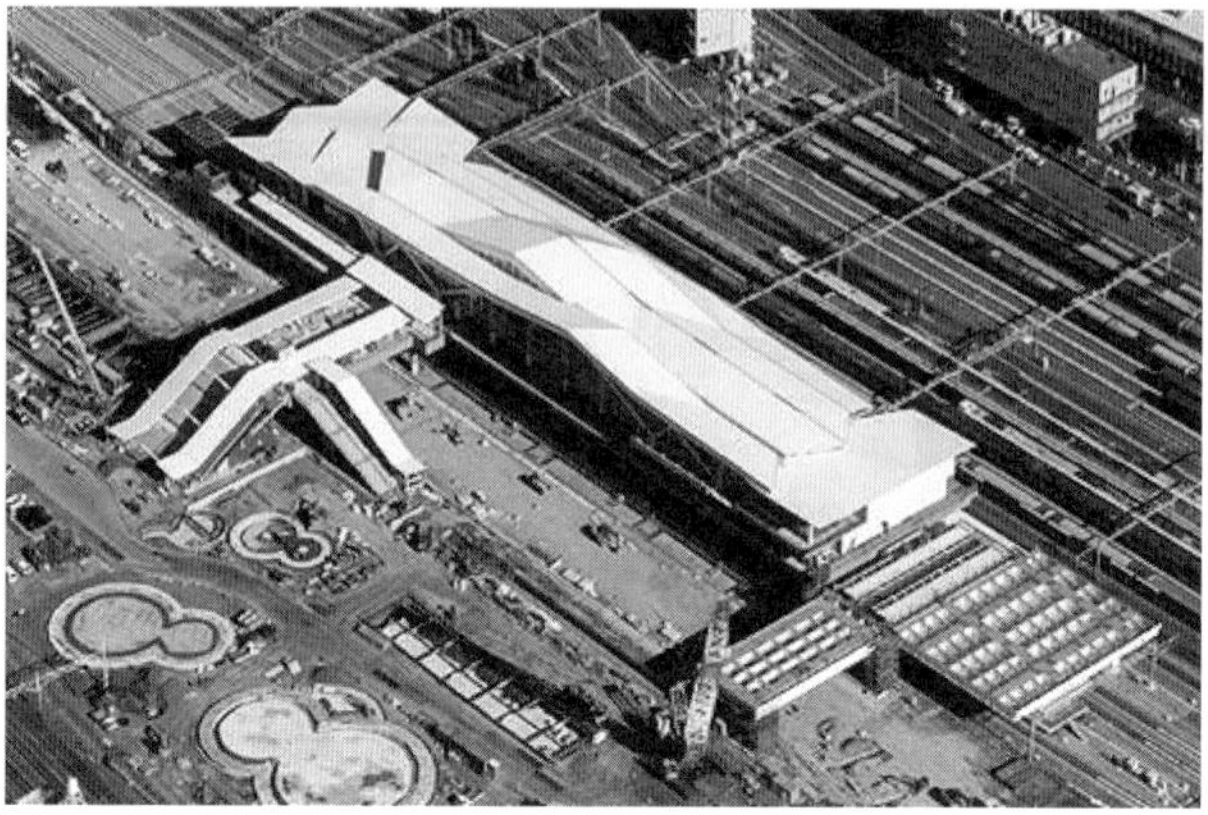

高輪ゲートウェイ駅（JR東日本プレスリリースより）

２０２０年3月14日「高輪ゲートウェイ駅」が開業した。新幹線や空港からアクセスの良い駅周辺は、グローバル時代に対応した発展が期待される。

前項で令和の日本は現在あるストックを適正に維持管理し再利用するだけでなく、それに将来の社会変化やニーズを付加して価値を向上させ、さらなる経済活動の循環を強化する時代になると述べた。

この駅の開通はそれを象徴する出来事だ。新たな土地の取得もなく線路敷に駅を新設し、その周囲に外人向けマンションやオフィス群を整備する。それによって品川一帯の価値も向上する、投資効率の高いプロジェクトだ。

20年は外郭環状道路や圏央道も全面開通した。これにより、これまで半世紀にわたって整備してきた首都圏の交通網が完成し、日本全体の交通機能が飛躍的に向上し、今後の日本は交通インフラ投資の収穫期になる。

交通インフラだけでなく、経済成長に合わせて整備を進めてきた産業や生活のインフラもほぼ完成している。人口の減少する令和の日本は、そのストックを利活用して経済拡大を図る知恵が問われる時代になるのだ。

その柱となる事業は（1）観光産業（2）地域創成（3）不動産活用がある。突然コロナパンデミックの危機が世界中を襲ったため、観光産業は一時的な停滞を余儀なくされた。

当面日本が注力すべき事業は（2）と（3）になる。中でも緊急性が高いのは国土強靭化の推進である。しかし危機の時には、大胆な改革や先行投資を避ける必要があり、その意味でも国土強靭化の推進による地域創成が現下の重要課題となる。

令和元年東日本台風では、東日本一帯を記録的な豪雨が襲い、各地で大規模な浸水被害が発生した。その時、避難場所や経路、河川の状態などのリアルタイムの情報伝達と、その対応の重要性を改めてわれわれに教えてくれた。

◆長期的には地域建設産業の育成が決め手

高度経済成長時代にも、高度交通インフラの整備とともに、ダムや河川改修など防災施設の整備にも精力的に取り組んできた。しかし近年、自然災害の激甚化に伴いその一層の強化が必要になっている。

先の台風では、半世紀にわたる都市河川の排水網や貯留施設の整備のお蔭で、東京ゼロメートル地帯での浸水災害は免れることができた。また災害活動と物資搬送の生命線となる高速道路網も確保された。

しかし、これまで個々に整備を進めてきた避難施設や緊急避難情報、活動体制については、その一体性やスピードの面で問題があり、さらなる強化や総合的な管理体制の整備が必要であることが明らかになった。

現在あるストックを生かして緊急時の対応力強化を図り、地域の生活の安心安全を高めながら、さらなる経済活動の循環を強化するためには、つながる5G時代のデジタルインフラの整備が不可欠である。

それに向けて日本におけるデジタル力活用の強みと弱点について考えてみたい。現在その最先端にあるのが中国である。上海では無人コンビニが活躍し、光棍節（独身の日）にはアリババの売り上げが4兆円を超える。

携帯電話のインフラストラクチャーであるファーウエイに世界の情報ネットワークを占拠される危機感から、米国のトランプ大統領（当時）は米中貿易戦争を仕掛け、その影響は世界経済のリスク要因にもなっている。

日本のデジタル力活用力はその足元にも及ばない。しかし街中にあるモニター画像の解析による犯罪検挙率は世界一を誇っている。それは映像解析と警察組織の総合によるもので、日本の強みはマン・マシンシステムにある。

地域の建設産業は地域インフラの機能を保全し、自然災害から生活を守り、人を雇用して地域経済を支える役割を担っており、そのマン・マシンシステムの中核に位置する。その組織と人材の育成、強化は次代の日本にとって重要である。

1-3

◆決め手はデジタル情報によるプラットフォーム整備

ここでは、米国を始め世界各地で進んでいる情報の可視化による経済活動拡大の動きとはどのようなものか、建設産業の例でわかりやすく説明したい。

最近、生活の各場面でよく使うグーグルの地図情報。イベントや会食の店、会場探し、移動の際のルート検索には便利だ。旅行の時にこれを使いこなせば、初めての土地でも地元人への「なりきり気分」さえ味わうことができる。

ウェブサイトを使った仮想店舗の展開が進むことで、アマゾンのような巨大企業が出現する一方、フリマアプリを利用した手芸作品や中古品の流通も活性化する。それを活用することで地方の老舗の売り上げ向上も可能になる。

近年の情報通信手段の革命的進化は、そうした観光や商業、文化活動、公共サービス面だけでなく、まちに置かれたモニターカメラのネットワークは交通事故や窃盗事件の検挙にも役立つ。

米国では都市&建築の情報を可視化し、クラウドを使って蓄積した情報を活用することで、中古不動産の評価をオープン化して不動産の利活用や販売の促進につなげ、さらには地域経済の活性化に拡大していこうという動きが活発だ。

分散型ネットワークシステムを使って情報をつなげ、必要に応じてその利用アプリをつくって活用プ

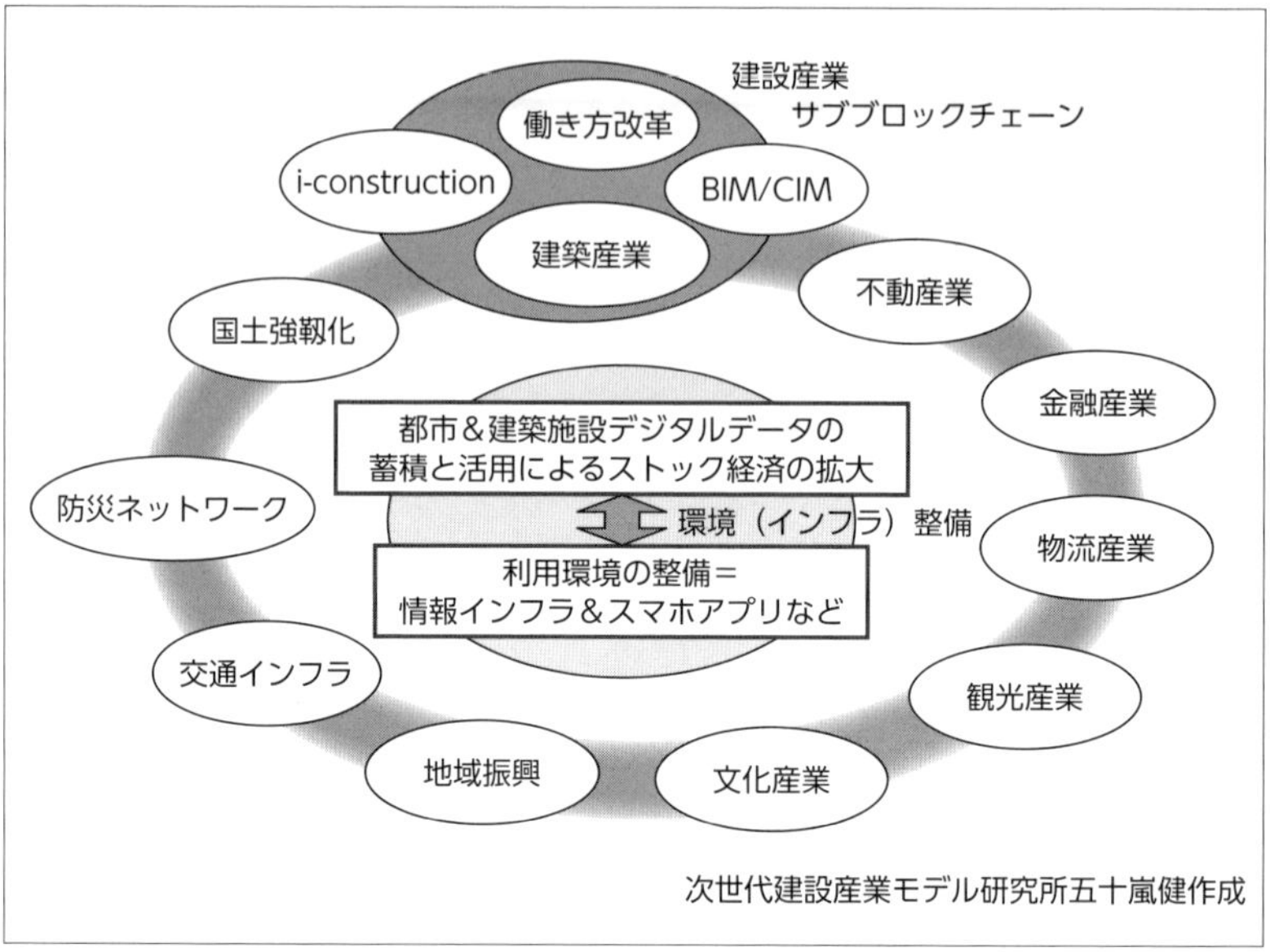

図２　５Ｇ時代のデータクラウドによる建設系産業連鎖のイメージ

ラットフォームを形成することで、さまざまな利活用が生まれ、経済活性化が図られる。

建設分野の活用プラットフォームとしては、都市＆建築市場の活性化のほかにも物流や地球温暖化の抑制、国土強靭化の支援、地活性化など幅広い活動に貢献できる。それを日本の状況に合わせて表したものが、図２である。

この図は連鎖の関係をわかりやすく示すために環状に表しているが、実際には宇宙空間に浮かぶ無限の星のように空間の中に個々の情報が分散して存在し、必要に応じ利用者がつなげて使用する構造になっている。その情報を自社の事業に合わせて束ね、どう活用するかが情報戦略になる。これについては以降、必要に応じて説明していきたい。

◆ＢＩＭ／ＣＩＭの構築速度は産業競争力に影響

現在、国土交通省が推進しているＢＩＭ／ＣＩＭ[注2]プラットフォームの構築によるi-Construction推進による建設産業の生産性向上や国土強靭化もこの1つになる。２０１８年から始まったその推進は、３Ｄ測量による地形の現状把握や完成構造物の出来形チェック、ＩＣＴ建機の活用、管理データのＩＴ化による現場から建設産業全体に至る生産性向上を目指したものだ。

現在、市場の好況により３Ｄ測量やＩＣＴ建機の活用、管理データのＩＴ化など個別の課題は実施が進み一定の効果が表れている。しかし、流通業界や不動産業のように産業全体の生産性が上がるまでには至っていない。

むしろ現場は人手不足の問題があり、そのやり繰りに追われ建設[注3]キャリアアップシステム（ＣＣＵＳ）の推進や働き方改革の時短目標達成も難しい状態で、生産性による産業の好循環はいま、好循環に向かう分岐点にあると思われる。こうした状況を促進するかぎとなるのは、近年普及が著しいスマートフォンの活用だ。不動産業界でその活用が著しいが、建設産業では残念ながら物流業界と同様に専用ツールの活用に留まっている。

その違いは日本と世界の建設産業リテラシーの違いにあると考えている。ビルディングと言う言葉は日本では一般に建築構造物を指すが、世界的にはBuilt Environments（構造物環境）と言うように、人間がつくった構造物全体を指し、ＢＩＭ／ＣＩＭはこれを正確に表現した日本語にほかならない。

しかし、その背景にあるコンテキストが異なるため、受けとる社会のリテラシーも変わってくる。ちなみに米国の建設雑誌『ビルディングレター』の対象産業分野は、土木・建築のほかに設備やプラント産業なども対象としている。

その考え方からするとＢＩＭは都市&建築環境のデジタル化を表す言葉になり、建設構造物を長く使う欧米ではその産業役割として都市&不動産施設の利活用のデジタルプラットフォームを表している。このリテラシーの違いによるシステムのあり方と構築の速度が今後の日本の産業競争力に大きく影響することになる。

注2…ＢＩＭ（Building Information Modeling）とは、そのライフサイクルにおいて建物データを生成および管理するための手法である。現在は、３ＤＣＡＤで描かれたモデリングデータを活用し、そこに環境情報、部材の仕様情報、管理情報などを加えて、建物設計時のシミュレーションや生産計画、管理活動などに使い、建設生涯の効率性を向上させる取り組みが行われている。

ＣＩＭ（Construction Information Modeling）とは、土木分野においてＢＩＭと同様にＩＣＴツールと3次元データモデルを導入・活用することである。公共事業の一連の過程で生産や維持管理の向上を図ろうとする取り組みが行われている。

注3…これまで〝自称〟の余地が大きかった職人一人ひとりの技能と経験を、業界統一のルールに基づいて蓄積し〝見える化〟するシステム。２０１７年の運用開始以来、22年12月末の時点で登録事業者数は20万５５０２者。そのうち、一人親方を除いた事業者数は14万１１９者となっている。

1-4

◆生産性向上のカギは使いやすいスマホアプリ

デジタル環境が急速に進化する中、米国や中国・シンガポールなど経済発展の著しい地域では、産業界が一丸となってデジタルプラットフォームの構築に取り組んでいる。５Ｇ時代が到来する令和の時代は、日本の建設産業にとっても正念場になるだろう。

この状況に対応するためには、日本が強みとしてきた人間力に軸足を置いたやり方を、ＩＴツールを基本にした欧米型に切り替える必要がある。これについて、さまざまな分野で利用が進み、日常生活まで変えようとしている、スマートフォンの地図情報を例に説明したい。

日本で普及した住宅情報地図は、人による調査データが基本となっている。精緻で詳細だが調査範囲が限られ、製作に時間を要する。これに対しグーグルの地図情報は衛星写真や車載カメラのデータでつくられている。当初は精度が荒かったが、技術の進歩とともに人の能力を超えた。その地図に必要に応じて飲食店などの情報コンテンツをのせて使う。

地図情報はそのプラットフォーム（箱）であり、店情報はコンテンツ（中身）である。この2つの組み合わせは簡単に拡張が可能で、場所や目的に応じて中身を追加変更できる。それがいまの発展につながっている。

中身であるスマホアプリの充実は、箱であるスマホの価値を幾何級数的に高めていく。そのスピードと

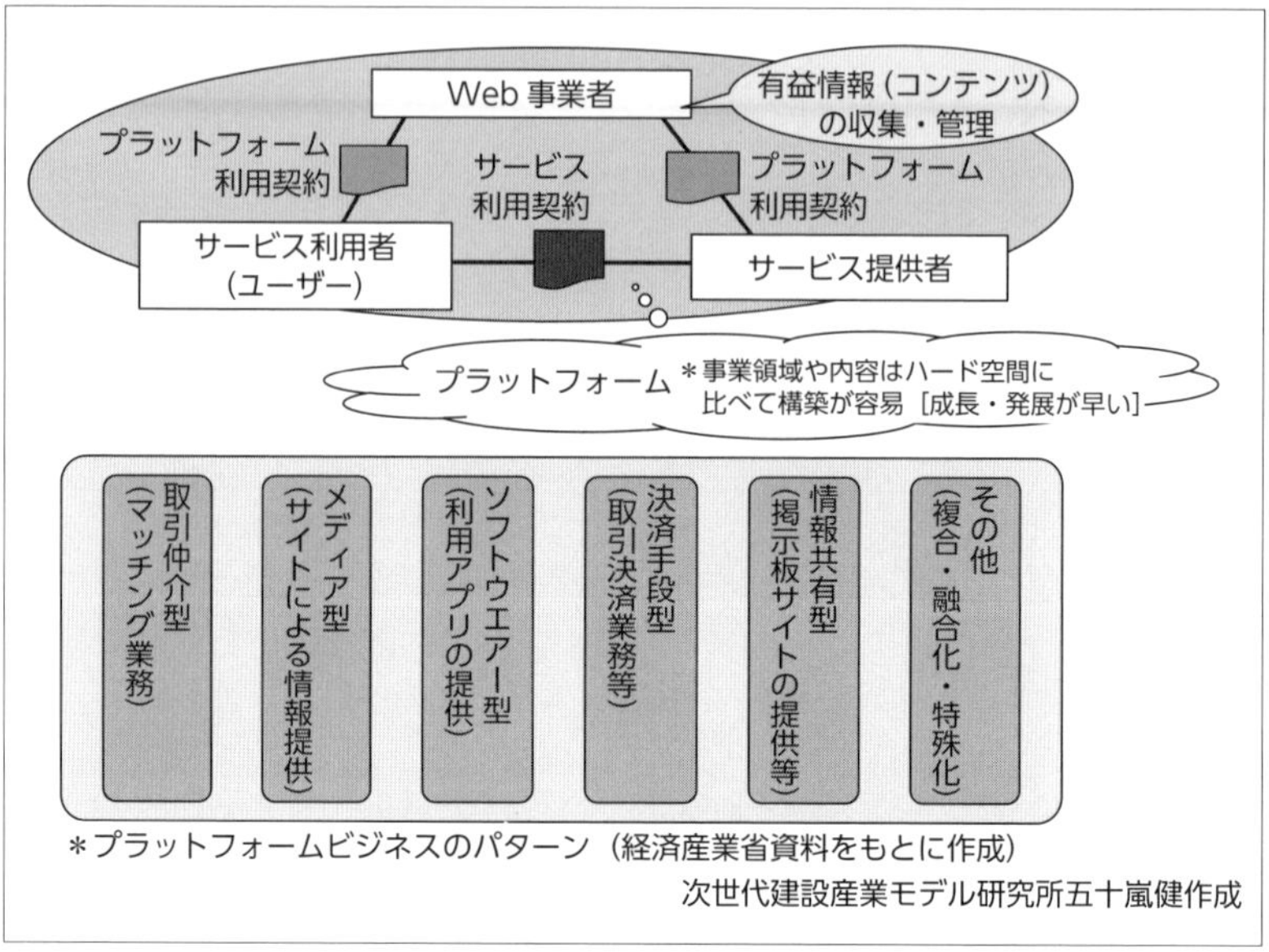

＊プラットフォームビジネスのパターン（経済産業省資料をもとに作成）
次世代建設産業モデル研究所五十嵐健作成

図３　プラットフォームビジネスの基本構成とビジネスパターン

広がりも魅力だ。前回述べた建設系産業連鎖の構成もまったく同じだ。基本ルールさえ決めておけば、後は自動的に進化発展していく。

そのことを図２（26ページ）の輪の１つであり、私たちの事業領域である建設ブロックに着目して考えてみたい。そうすることで建設産業のいまの課題とそれをブレークする方法が見えてくるはずだ。

◆欧米はマネジメントの中核部分に人間力活用

市場が拡大しないゼロサム経済の下で、建設産業の課題はｉ－Ｃｏｎが目指すＩＴ活用による生産性向上になる。その目的は、生産性を２割向上させ半分を就業者に配分し、残る半分を再投資に回す、それが産業発展の源泉になるとの考えだ。その中で働き方改革は、生産性２割向上を考える改善運動であり、建設キャリアアップシステムはその人的資源の能力を向上するための手段で運動のモチベーションになる。この仕組みを、ITを活用して合理的に進めることがi-Conに他ならない。

そのためにはこの仕組みを分かりやすく可視化する必要がある。建設プロジェクトの場合、全体工程があり、それを部分工程に展開し、さらに日々の行程を確実に実践してムダ・ムラを無くす。その管理にIoT（モノのインターネット）やAI（人工知能）を使い、予実のトレーサビリティー[注4]を高めて次に生かす。それがi-Conの目指す姿だ。しかし現場監理者のスマートフォンにその管理アプリはあるだろうか。依然あるのはPCタブレットの工程表だ。

スマートフォンには顔認証ソフトや位置情報が付いている。これを使えば、いつ誰が現場に入り、どこを移動したかがわかる。中国で普及している無人店舗のアプリが、そのまま建設現場の作業管理にも使えるはずだ。建設キャリアアップシステムは工事管理の精度を上げるツールでもある。これを人のキャリアと作業状況に応じて柔軟に調整・実施していくのがIT管理になる。それがいまの現場でどれだけ活用できているだろうか。

さらに、調達業務や安全管理、会計管理などさまざまスマホアプリを開発してつけ加え、それを現場会議の場で活用することで、工事全体の生産性向上が初めて可能になる。これまでは日本が得意とする元下一体の突貫力でその不足を補ってきた。しかし、いまの人手不足と働き方改革の下でいつまでその力が発揮できるか心もとない。

本来のやり方としては、現場会議での生産性向上と工程管理の精度向上を目指すべきだろう。欧米ではまず合理的な工事のやり方を考え、その上に科学的な工程管理プログラムをつくり、そこにデータを蓄積し精度を上げている。こうした建設産業に共通するプラットフォームを充実していくことも重要になる。

たぶん、いまのＩＴ技術の進歩を考えると、早晩日本の強みであるアナログ対応力もグローバル化と人口減少の中で、消滅する時代が来るかもしれない。

注4…トレーサビリティー（Traceability）とは、追跡可能性ともいわれ、当初は企業活動において物品の流通経路を生産段階から最終消費段階あるいは廃棄段階まで追跡が可能な状態を意味していたが、現在では経営の意思決定プロセスの透明化など、社会活動のあらゆる行為においてプロセスの追跡可能性が要求されるようになった。
これにともない、大きな投資が行われる施設建設において、計画段階でその仕様とコストについて経営会議の場で意思決定を行い、その後はこれをもとにその実現に向けた建設活動が行われる傾向が強まった。そのため、決定された事項にもとづいて施設建設を進めるプロジェクトマネージャー（ＰＭｒ）に委任するプロジェクトが増加する傾向にある。

1-5

◆中古不動産市場整備が経済活性化のエンジンに

日本はこの半世紀、経済の成長を促進するために高速道路網や港湾・空港などの整備を進め、現在ようやくその補強も含めた計画が終了を迎えている。

5G時代にその成果を活用した経済発展のエンジンとして期待されるのが不動産業や金融産業である。ここで先に紹介したデジタルデータによる建設産業の経済連携イメージの図を思い出していただきたい。図の右側には不動産、金融、物流、文化・観光などの産業が並び、左には国土強靭化、防災ネットワーク、交通インフラ、地域振興など、建設業に期待される整備役割が並んでいる。

現在の建設産業の市場活性化を支えているのは物流や文化・観光などの産業だが、こうした産業の発展は4G時代の情報革命によって、モノや人の移動コストが低下し提供するコンテンツの質が向上することにより拡大した。高速道路をみても、道路網の整備が完了した現在その経済効果は大きく、商品の物流コストを引き下げ、時間を短縮することにより経済活動の拡大に寄与している。

これに対し5G時代の到来により拡大が期待されるのが不動産や金融の分野である。われわれは建設プロジェクトにばかり目が向いているが、つくられた後の施設は不動産として利活用される。それは建築施設だけでなく道路や電力、上下水道施設なども同様で、欧米ではこれを総合してBuilt Environments（構造物環境）と呼んでいることを述べた。

米国やシンガポールでは、近年そのデータを使って可視化することにより、施設の利活用や取引を拡大することを考えている。

欧米先進国は、すでに産業革命による経済発展期を終え、成熟期に入っている。そこで進められている金融や不動産系のブロックチェーン整備は新たな産業インフラの整備であり、そのエンジンとなるのが5Gの技術革新である。

◆ＢＩＭクラウドのエビデンスが社会の信頼感醸成

日本でも今の不動産事業はこの方向に進んでいる。建設産業がつくり出した構造物は不動産資産として不動産業が利活用することになるが、２０１７年のその規模は２６００兆円で、不動産業の産業規模は売上げ43・４兆円、ＧＤＰは61・８兆円で建設産業と同様の規模である。こうしたインフラの利活用のためにはＢＩＭ／ＣＩＭクラウドプラットフォーム構築による信頼性が重要になる。

５Ｇ時代には、衛星からの画像データを基に建物形状をビジュアル化し、これにテナント情報や維持管理の情報を統合することでビルの価値情報が瞬時に可視化できるようになる。これに駅や学校、商業施設の集積など周囲の情報を重ね合わせれば、客観的にビルの価値を算定することが可能になる。

日本でも最近、賃貸物件の紹介にスマホを使って情報を提供する企業が現れたが、世界企業の施設戦略では、施設立地を考える検討に現実にこうした情報が活用されている。大規模な施設になれば、その賃貸や売買の際に改修工事を伴うことが多い。不動産市場が活性化することで、定期的な改修や機能更新の工事も増加する。ゼロサム経済のもとで日本の建設産業にとって、この分野は海外事業とともに貴重な市場

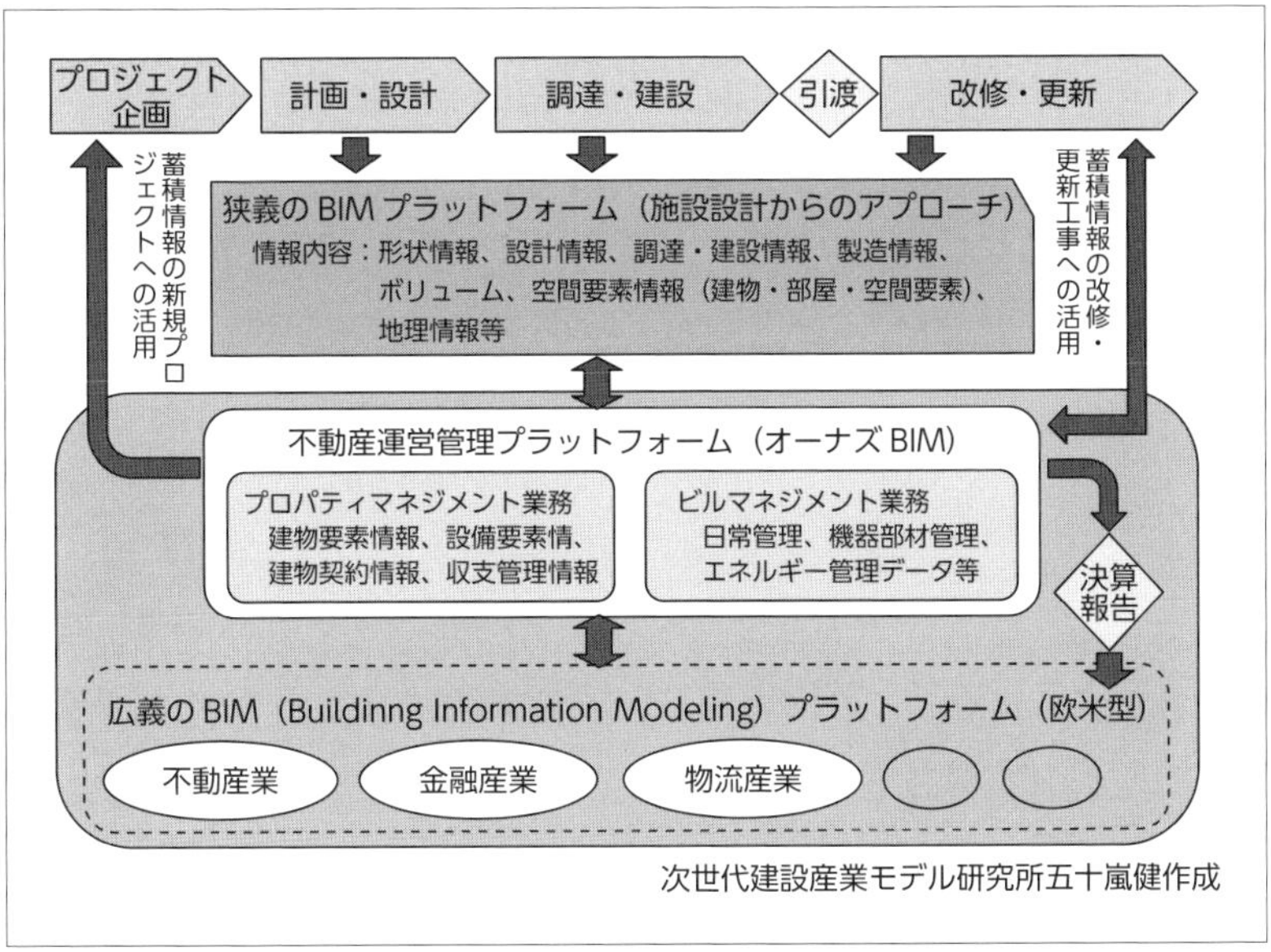

図４　BIM プラットフォーム構築によるデータ利活用のイメージ

拡大分野である。そのため海外で進む都市&建築情報デジタル化の動きを先取りし、自社のビジネスモデルの中にどう取り込むかが建設産業発展の決め手になるだろう。

一方、不動産事業者にとっても、それによって不動産価値が上がり、収益が向上するだけではない。所有不動産の情報をデジタルクラウドに蓄積することにより、ファシリティーマネジメントやビル管理業務の効率化・高精度化につながり、さらに決算業務や新規プロジェクトの企画に活用できれば、不動産業務全体の生産性向上にもなる。

こうした施設のデジタル情報の蓄積が進むことで、建設産業と不動産業の生産性向上にＷｉｎ－Ｗｉｎの好循環が生まれ、建設系産業全体の活性化につながる。これは、まさにテレビやＷＥＢサイトを使った商品販売から始まった近年の流通産業の発展に通じるところがある。そのためには、新築施設のＢＩＭ化から始めると言う現在の日本の建設産業のリテラシーを捨て去り、既存施設のデジタル化から始めるという発想の大きな転換が必要ではないだろうか。

1-6

◆安心・安全支える地域建設業の役割拡大

本章の最後に、地域建設業の役割とIT対応について考えたい。地域における建設業に期待される役割として、（1）地域インフラの整備・維持（2）災害時の緊急対応（3）地域の社会・経済を支える（4）地方創成を支える――の4つが挙げられている。温暖化の進行による自然災害の多発や地方人口の高齢化を考えれば、この役割は今後さらに増大していく。

しかし、若年人口の減少と自然災害の激甚化が進む中で、担い手の頑張りだけではもはや限界にきている。その壁を突破するカギが建設産業の政策課題である、i-Con推進や働き方改革、建設キャリアアップシステムになる。産業側もそれを十分理解し、その推進に努めている。しかし、残念ながら現在は踊り場の状態にあると考えている。

i-Con推進はIT活用による生産性向上で、その目的は生産性を2割向上させ、半分を就業者に配分し、残る半分を再投資に回す。それが産業発展の源泉になるとの考えだ。その中で働き方改革は、生産性2割向上を考える改善運動であり、建設キャリアアップシステムは人的資源の能力を向上するための手段で運動のモチベーションになる。

そのために建設系ブロックチェーンのデジタルシステムを活用して連携させ、図のようにそのサイクルを循環させながらレベルアップし好循環をつくるデータ連携が有効だろう。しかし、現状の工事現場では、

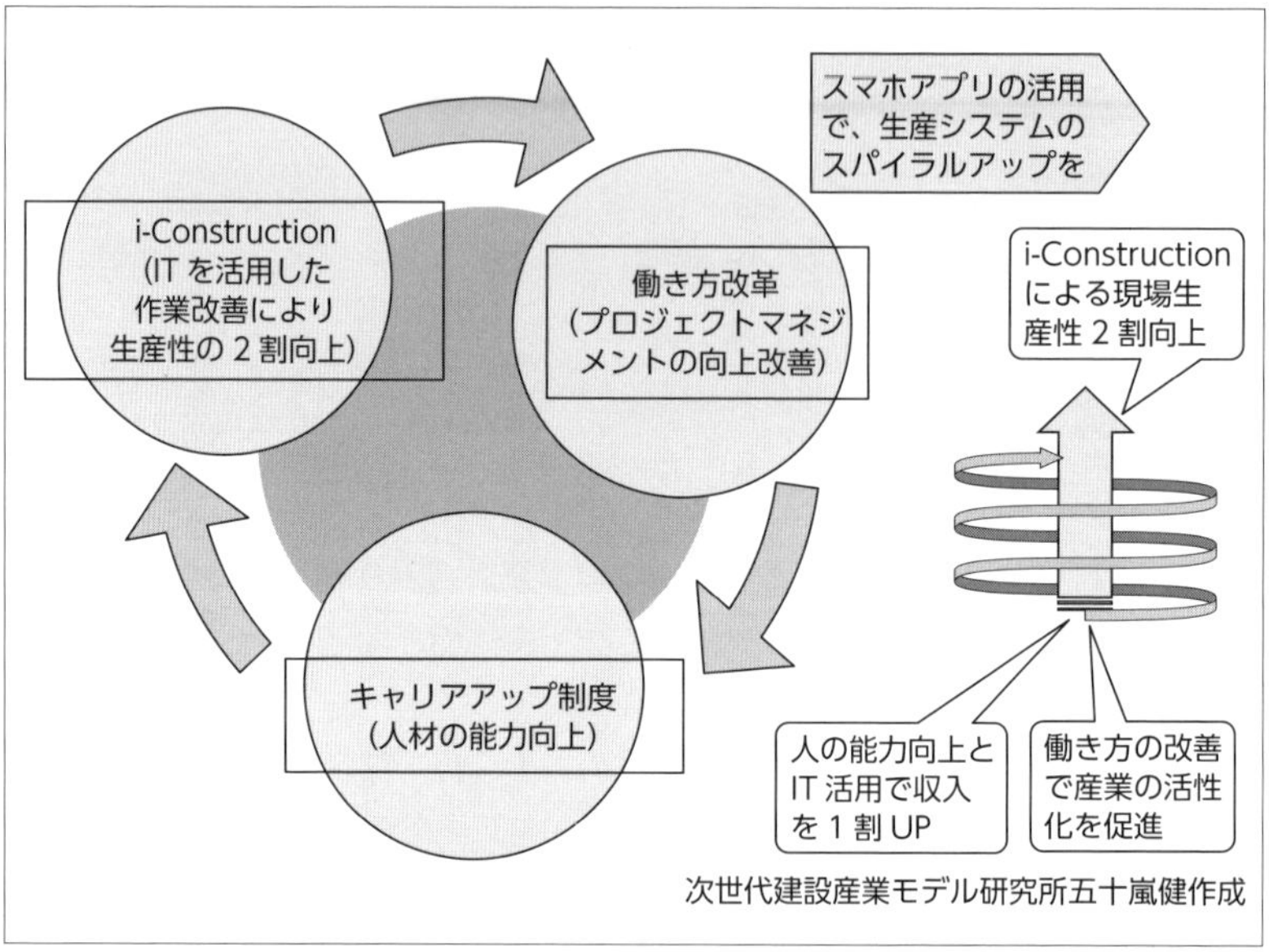

図5　建設産業分野におけるデジタルデータの活用イメージ

その負荷が管理職員に集中している。そのため4週6休体制を実現しても若手職員の仕事は休日も続くことになる。

建設現場は元下の重層構造で構成されている。元請会社のタブレットを持つ社員はこれで現場管理を行っているが、下請けの個々の作業員とのデータ連携はできない。しかも各社が開発したソフトは日本人の得意とするアナログ型のため、個人ベースの暗黙知が多く業界や職種共通のツールとはなりにくい欠点がある。

中国やインドなどインフラ整備が遅れている地域の方が、日本よりスマホの利用は進んでおり、そのアプリも整備されているように感じる。

建設産業の数は50万社で従事者は500万人になるが、現場では職人の多くがスマホを持っている。スマホアプリのマーケット規模としては十分だ。それにスマホは現場でも持ち運びが可能で、図面や現場状況の確認の操作が作業中でも可能だ。

◆インフラ管理へスマートセンサー活用

さらに今後活用が期待されるIT技術としては、スマートセンサーを利用したインフラ構造物の診断がある。これはICチップを内蔵したセンサーを既存建物の構造体に貼ることで災害後の強度を測定し使用の可否を判定するシステムで、現在その技術は実用段階に達している。

このセンサーを建物に取り付けることで建物の信頼性が高まり、中古不動産の利用や取引が進む。また、堤防や見えにくい下水道の管理に活用することで災害時の都市や地域の安心・安全性も高まり、関係者の作業の省力化と高度化に役立つ。

近年、日本の犯罪検挙率が上がっている。街中にある映像モニターの情報を分析して犯罪の実像を把握し、それに警察の知見と組織力を結集して犯人を検挙しているためだ。

巨大プロジェクトのマネジメント能力や人の動員力、資金調達面では欧米や中国の巨大企業に及ばない面もあるが、暗黙知の共有と個人の人的能力の高い日本の建設産業にとって、地域ストックの利活用による生活の安全と経済活力の拡大が令和の注力分野になる。昨年から日本でもデジタルクラウドのインフラであるBIM／CIMの構築が進められている。その早急な整備に期待したい。

令和の日本は、明治維新以来指向してきた欧米型のストック形成期を終え、その蓄積を生かす社会の入り口にあり、建設産業はその最前線に位置している。関心のある方はライブドアブログ「ストック型社会の目線で」（http://igarashitakeshi.livedoor.blog/）を参考にしていただきたい。

第 2 章

5Gとウィズコロナ、激変の時代の経営戦略見直し

2-1

◆激変の時代、企業価値革新の環境整う

デジタル革命はビジネス価値の変革をもたらすもので、現在の設計・建設産業の課題もこれを乗り越えることだ。

前章では建設産業の転換期である令和の30年間を俯瞰し、インフラストックの収穫期を迎えた建設事業の5G（第5世代移動通信システム）時代の事業環境を考えた。ここではコロナ禍の進行する中で、不確定要素の多い「ウィズコロナ」と中長期的な5G対応の双方を視野に入れ、激変する時代の経営戦略の見直しについて、企業の視点で対応のポイントを考えてみたい。

2020年前期の建設上場各社の決算発表は、おおむね好評だった。コロナ禍の仕事および業績への下振れ影響も、製造業や観光・飲食など他産業に比べて少なく済んだようだ。しかしコロナ禍の秋以降の感染拡大や、それに伴う外国人客減少、オリンピック開催の見通しなど、不確定要素は依然として多く存在

した。

企業の経営はこうした状況でも前に進めていく必要があり、経営者にとっては難しい局面だといえる。この状態は戦時下の軍隊やシリーズ開催中のスポーツと同じで、そうした状況の中で力を付け、それを契機に大きく成長する企業が現れることが多い。また、伯仲する競争環境の中で持久戦の状況にある企業にとっては他社に差をつけるチャンスでもある。

歴史上、前者の例は桶狭間決戦後の織田信長であり、後者の例は関ヶ原合戦後の徳川家康である。そうした意味ではウィズコロナの現下の状況は、企業にとって事業拡大のチャンスでもある。

一方、3密回避の状況下で、テレワークやリモートワークの活用は進んだ。私もこれまで人との直接対話を重視し、地方での講演や対話形式の勉強会を中心に活動を続けてきた。しかし、集会中止でテレワーク中心の活動に切り替えてみた。その結果、こうしたIoT（モノのインターネット）を使ったやり方には新たな可能性があり、発展のためには従来の効率を超えた方法を編み出していく必要があることも判った。

しかも現下の状況は、経営業績は好調が続く一方、人手不足やそれを補う若手人材の確保・育成、業務多忙の中でのさらなる効率追求など建設産業のトリレンマ[注5]は依然存在しており、従来の経営施策も継続して推進する必要がある。

◆トップの智慧《ちえ》と企業の体幹力が勝負決める

20年5月末に決定された社会資本整備の「デジタルニューディール」では、スマート化・デジタル化の推進が決まった。その意味では5G時代に向けた企業革新の環境は整ったといえる。

一方、新たな事業年度を迎えた多くの企業は、事業計画の強力な推進と新たな変化に対応する計画の補強修正を同時に行う必要がある。そのためには文字通り走りながら考える必要がある、まさに本能寺の変後の「秀吉の中国大返し」の状況である。こうした状況では、スタッフの臨機応変の素早い戦略策定とトップの決断力、そして組織が一体となった果敢な行動力がモノをいう。まさにトップの智慧《ちえ》と企業の体幹力が勝負を決める時だといえる。この時には、▽それまで行ってきた長期経営戦略とその強化▽全方位の情報把握のための情報収集力とコアスタッフの解析力――に裏図けられた作戦の機動力、一点集中的に絞り込んだ具体策が必要なる。

しかし紙面で新年度を迎えた各社の経営方針を読むと、そうした企業は少ないように思えた。その背景には、複雑でハードの施設を現地で一品生産するためプロジェクトの実情に合わせた事前の計画を緻密に練り上げ、元下体制の中で確実につくり上げていく建設産業特有の事業特性がある。

一方、デジタル化への対応については、店舗施設や工業など現実の事業環境整備には多くの準備を要するが、デジタルな事業フレーム構築はひとえに消費者のニーズにフィットしたビジネスモデルの構築に尽きる。この兼ね合いがプロジェクトでハードづくりに徹してきた建設産業の人間には難しい。

その難しさは、建設会社がよく経験する不動産事業の拡大によるシナジー効果に対する経営判断の難しさと同様のものだ。建設産業は施設をつくる産業のため、施設内容や事業について熟知していると考えている。しかし必要な経営センスは全く異なる。この点を明確に別けかつ事業のＷｉｎ－Ｗｉｎを発揮させるためにはさらなる経営上の工夫が必要になる。それが証拠に、これまでこの2つを主力事業として発展した企業は少ない。

注5…現在人類は経済発展、エネルギー・資源の確保、環境保全という相互に両立が困難なトリレンマの関係に直面している。建設産業でも、人口の少子高齢化と経済成長の鈍化を迎える経済社会環境の下で、生産性の向上と収入の確保それに向けた人材の確保は人類を企業に置き換えた同様の経営問題と見ることができ、本書ではこれを「建設産業のトリレンマ構造」と呼称している。

2-2

◆アッセンブル型製造業の企業力強化の課題

２０２０年当時、激変の時代を迎えて事業戦略の見直しを考える企業が増えたが、コロナ禍の不確定要素が多く、新年度が始まったばかりで緊急対応の部分修正にならざるを得なかった。しかし、秋以降の検討では激変する事業環境への対応が他社に一歩遅れると、時間ロスも増すため、このワンポイントの戦略手段が将来に向けた布石となる。

本項では現下の緊急検討に対応するため建設産業で注意を要する戦略検討のポイントに絞って考えていきたい。

ここでは、技術開発や事業強化に必要な市場検討のポイントであるマーケットイン戦略とプロダクトアウト戦略について、建設産業特有の留意点について述べる。建設会社は受注生産で[注6]アッセンブル型の製造業のため、企業活動に技術力は不可欠だが、企業力強化の決め手となる差別化が難しい。そのため、資金に余裕のあるいまのうちに、少しでも技術力を高めたいと考えているが、いまひとつ的が絞れないと悩んでいる経営者は多い。

製造業や販売業は企業活動の前提として、まず商品開発や販売手段整備のための先行投資が必要になる。その意思決定は企業の将来を左右するため、経営の総力を結集して検討する。いわばマーケット戦略が企業の将来を決めるマーケットイン型の産業だといえる。

これに対し建設産業は、プロジェクト受注の量と質が将来の業績を決定するため、対象市場における個別プロジェクトの発掘や仕込みには熱心だが、プロジェクト全体の構造変化を科学的に分析してどの市場に自社の経営資源を投入するのか、自社の生産力をどう強化していくのかという現代企業経営で重視されている戦略経営については、スタッフ任せとなることが多い。

このため、銀行や株主から経営計画や事業戦略の提出を求められ、一応作成はするが、先に行くほど予実の齟齬《そご》が起きることになり、今日のように市場が踊り場状態にある時には、何をどのように修正してリカバリーすればよいのか戸惑うことになる。

注6…多くの部品の集合によって構成されている製品の組み立て（assemble）を行う産業。自動車産業は部品の標準化と工程の細分化により、単純作業の連続で複雑で精緻な製品を効率的につくる手法を開発し、生産性を高めることにより、近代的な産業として発展した。その産業手法は家電製品、航空機など多くの工業製品にも取り入れられ、いずれも最終の組み立て工程を行う企業が、その産業活動の頂点に立つ巨大企業として発展した。しかし、近年は大量生産技術の普及と製品の普及にともない、競争が激化し、その生産支配力が低下する傾向にある。
建設産業も大量の材料を使い、多くの人によって製品化される産業であり、広義のアッセンブル型産業に属するが、同じように生産技術の普及にともなう競争の激化により、その生産支配力が低下する傾向にある。

◆市場変化に合わせた修正補強の努力が重要

わたしはこの20年間、次世代建設産業モデル研究を進める中で、失われた20年の間でも成長を続けた企業の経営手法を分析してきた。

その結果、長く成長を続ける企業の経営者には、鋭い洞察力を持って自社が対象とする事業の構造的欠陥を見抜き、それを補強する仕組みを考え（＝ビジネスモデルの構築）、絶えず自社事業の修正を続けながら、そのアイデンティティーを見失うことなく前向きの努力を行ってきた経営姿勢が共通することがわかった。

世間一般にはビジネスモデル構築までのアイデアが重視されるが、建設産業のように伝統ある産業の中ではむしろ構築以降の、市場変化に合わせた修正補強の努力の方が重要だと考えている。差別化要素の少ない建設産業では、事業推進の過程で常に発生するトラブルや環境変化に粘り強く対応し、その力を強化し続けた企業が成長を続けることができる。このことは自然界の生物の繁栄と同じだ。

一方、他の産業では、この間激変する情報技術の進化に対応しＲＯＥ重視の積極経営を転換してきた企業の成長が顕著だ。トヨタはトップ自らスマート技術やカーシェア事業の人脈にネットワークを構築し、新興のテスラモーターとの連携を模索するなど積極経営を指向してきた。ソフトバンクは、新規事業へのコロナ禍による赤字発生を自ら前面に出てＶ字回復を期すなど、経営者の魅力で現下の市場環境を乗り越えようとしている。これが先行投資型企業で成長を目指す企業の、コロナ禍での対応策である。

建設産業では先行投資を伴う、そうしたダイナミックな戦略経営を取ることは難しい。しかし、建設産

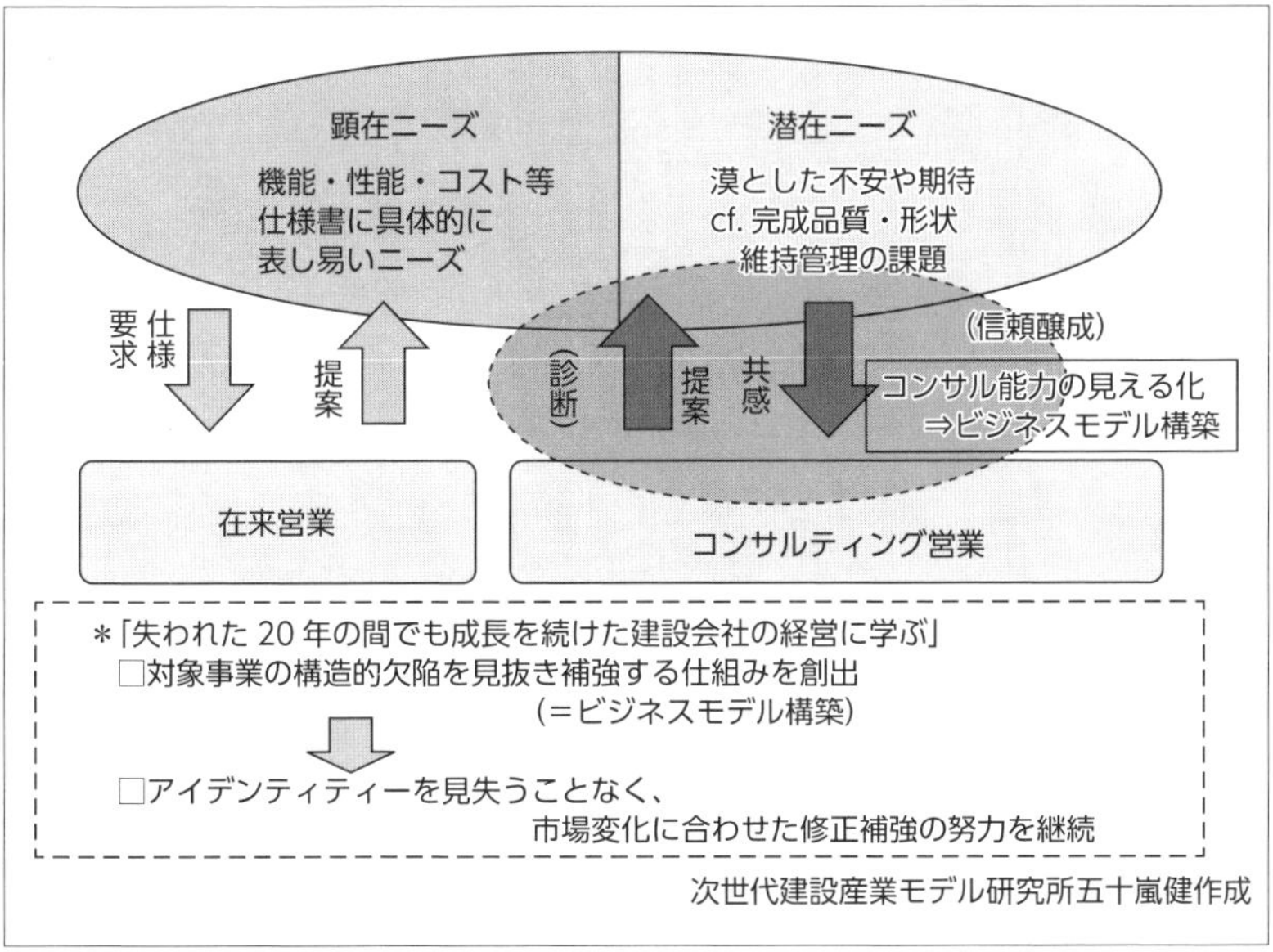

図6　成熟市場における建設産業の持続的発展戦略
(*潜在ニーズへの対応による顧客の信頼獲得⇒対応力の継続強化)

業の経営資源は内部人材であり、その長期的な強化を踏まえた先行的な対応は現在でも取り得る。むしろ危機の時の方がチャンスでもある。

思い切った女性幹部や若手経営者の登用、さらには普段は既存部門からの抵抗で難しい社内ピカイチの技術者や営業マンの他部門への移動も1つの方法だ。会社に入って10年経った技術者を営業へ、40歳前後で部門長や有望子会社トップにすることなど将来を見据えた思い切った人事異動は、社内の若手に夢を与えることにもつながる。

2-3

◆バックキャスティングによる経営計画を

前項では10年にわたる成長企業の経営手法の研究から、その企業力強化に共通点があることを述べた。本項では経営ツールとなる経営計画手法について述べたい。

近年、銀行や株主から経営計画の提出を求められるが、先に行くほど計画の予実の齟齬が大きくなることが多い。これは手法に問題があるためで、特に長期にわたる改善努力が企業力強化の決め手となる建設業にとって、企業業態に合ったひと工夫が重要になる。

建設会社は受注生産のため、事業の計画に当たり、手持ちプロジェクトや受注予定の見通しが重要で、その積み上げと進捗管理が重視される。一方、他の製造業では将来の製品開発や製造の決め手となる技術開発に関する投資戦略が重視される。このため、将来の事業目標の設定とそれに対する実施計画の策定を行うバックキャスティング手法を使うことが多い。特に5Gとウィズコロナのような激変の時代には、この計画策定手法が有効だと考えている。

そのやり方は、（1）まず自社と社会にとって望ましい将来像（ビジョン）を描き、（2）現時点における課題と可能性を洗いだし、（3）ビジョン実現のための手順を考え、（4）最後に時間軸を入れてそれをアクションプランに仕上げる計画手法だ。詳細は最近よく言われるSDGs（持続可能な開発目標）の策定手順に紹介されているのでそれを見ていただきたい。

この計画で重要なのは将来ビジョンと目標実現のプロセスで、目標数字はその達成度合いを示す管理項目になる。もし、状況の変化や内部要因によって達成に遅れが出るなら、プロセスに修正や補強を加えて、あくまでビジョンの達成を重視する計画手法だ。前回紹介したトヨタやテスラ、ソフトバンクなどのやり方は、自社のビジョンを重視し、状況の大きな変化に対応してやり方を大胆に変更した結果にほかならない。

◆ストック利活用時代のビジネスモデル構築へ

図はストック利活用時代の日本と世界の建設産業の事業イメージの違いを分かりやすく示したものだ。世界の建設産業は下段の事業サイクルで考えているが、日本企業は依然として高度成長期の直線型スコープで考えている。

しかし、不動産業や住宅産業、設備や装置産業では、近年下段のサイクル型で事業戦略を考え、一定期間で発生するメンテナンス需要に対応しながら施設の劣化や顧客ニーズの変化を把握し、維持コストと新たな市場獲得のタイミングを見て大規模な更新や建て替えを行う事業モデルをつくり上げている。こうした事業モデルで高い成長を遂げているのが昇降機や物流装置メーカーであり、大きな視点で考えるとNEXCO（旧日本道路公団）の近年の事業モデルもこのパターンになる。

一方、戸建住宅メーカーでは新築とリニューアル部門の事業間関連が機能せず顧客の潜在ニーズをうまくつかむことができずに事業拡大のチャンスを失うケースが目立つ。また大手ゼネコンも以前からの大型工事重視の体制から脱け出せず、改修工事の生産性向上と顧客満足度を両立させる新たなビジネスモデル

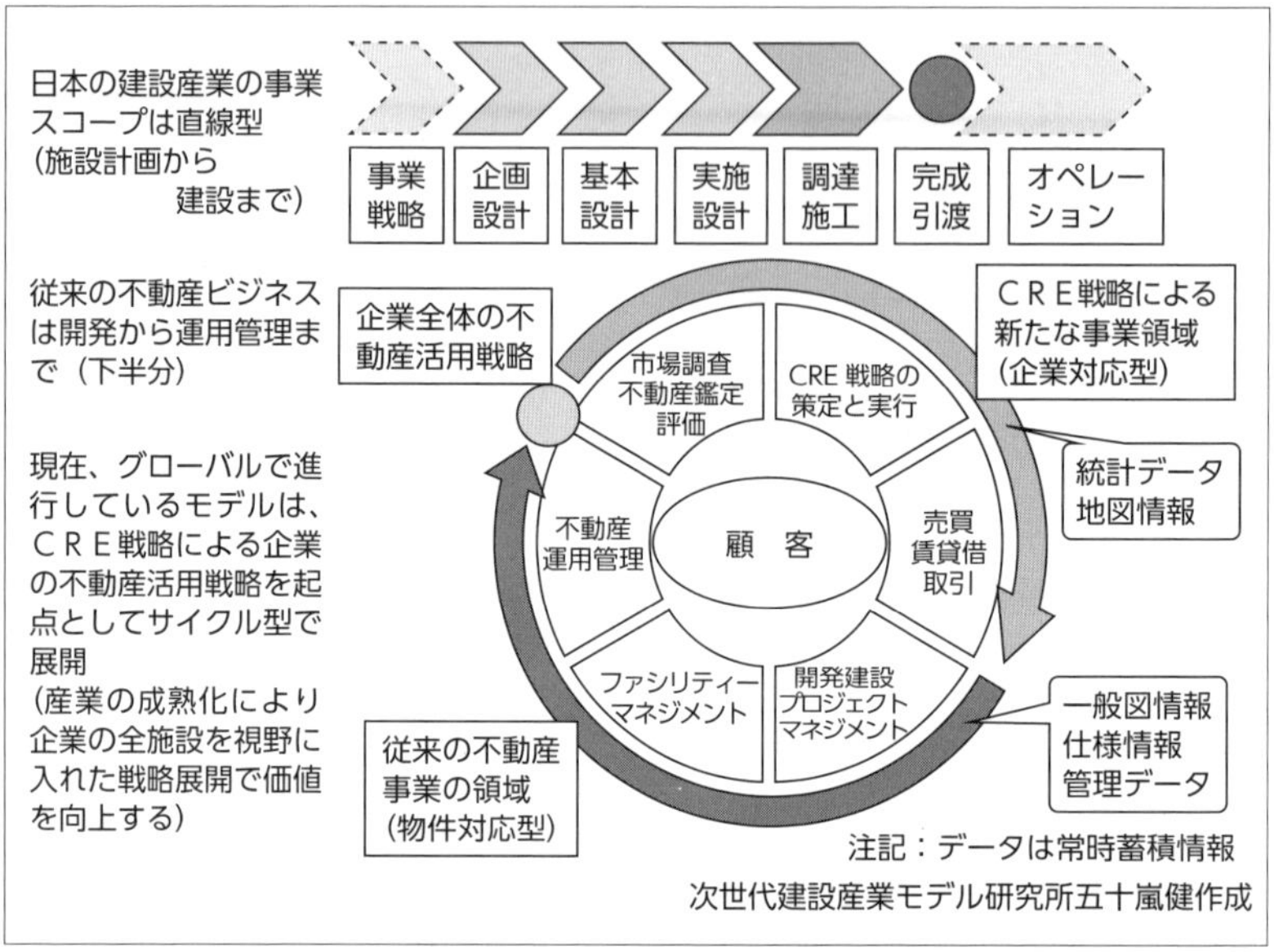

図7　ストック利活用時代の建設産業の事業領域の変化

が構築できずに悩んでいるのが現状である。

こうした企業では、事業計画作成の際にプロジェクト指向の従来のやり方を改め、一度バックキャスティング手法で作成を行ってみるとよいだろう。特にプロセス（2）と（3）の段階で多くの気付きがあるはずだ。ただ、そのためには半年ほどの時間がいるため、その試行としてまずは自社の将来ビジョンと当面の事業環境変化を考え、自社の将来ビジョンと競合他社に対するポジショニングの評価を行ってみてはどうだろうか。

2-4

◆コロナ禍で明らかになった日本型ＩＴシステムの課題

近年コンピューター技術が飛躍的に進化を遂げ、天気予報やコロナ禍対応の解析など社会で起こるさまざまな課題の解決に使われるようになった。その背景にある学問がデータサイエンスである。本項では建設産業の経営戦略に役立つその特性について考えてみたい。

いま大学で、現場の生産性向上に関する作業分析や公共施設の再配置、不動産市場の動向分析などの研究で使う解析手法のほとんどがこれに関係するものだ。研究する対象フィールドのデータを集め、コンピューターに一定のルールに基づいて入力すれば、数日後には答えが出てくる。ドラえもんの４次元ポケットのようなものだ。

ただ、回答に至るプロセスが不明なので、出てきた答えが研究者の求めていたものかどうかは分からない。経験を積んだベテランになると、かなりの確率で有効な回答を得ることができるが、初心者の場合は求めていた答えが出ないことの方が多く、その結果を鵜のみにすると間違いを犯すことになる。

使うテーマが現場の生産性向上のような場合、それを現場で使ってみれば即座に成否が分かり次の修正が効くので、これを繰り返すことで成果も得やすい。しかし経営戦略構築のような場合には、一定時間が経過した後でないと成否の結果が判明しない。

また、今回のコロナ禍のような大きな事業環境の変化も実社会ではしばしば発生する。データサイエンスで出てくる解析結果はあくまで過去の事実によるもので、ＡＩ（人工知能）が進化してもこれを未来に適応するためには、人間の持つ未来への感性を働かせる必要がある。まさにこの部分こそが人間の関与部分になり、５Ｇ時代の進行とともに、優れた感性を持つ芸術家や経験豊かな経営者がより強く求められる理由でもある。

◆データサイエンス時代に向けたリアルタイム処理への転換

これに関連して、コロナ禍対応で日本のＩＴ活用の問題点が明らかになりつつある。日本でもＩＴの活用は海外と同じように進んでいるが、そのシステムのつくり方が基本的に異なる。日本では一定作業ごとにバッチ処理を入れ、そこに担当部門の判断が入るようにすることが多いが、海外ではリアルタイム処理を原則にしている。

バッチ処理の場合、業務ごとに担当者の判断が入れやすいため、ＱＣ（品質管理）活動のようにルーチンワーク型の改善には有効だが、コロナ禍対応での給付金や補助金支給のような急を要する大量の業務処理では、各所に目詰まりが発生し実施が遅れる。その中で受給者には不満が、作業者には疲労が溜まり、やがて組織は崩壊していく。

ＧＡＦＡＭや中国ＩＴ企業の急激な発展は、リアルタイム処理を徹底させた結果であり、いまのコロナ対応の混乱は日本型のバッチ処理型システムのあり方に起因している。

翻って現在までの i-Construction 推進で、その阻害要因を分析してみると同じようなことが言える。ドローン計測やＩＴ土工、ＩＴ検査など部分的な活用を目指した導入段階ではそれなりの効果を発揮した

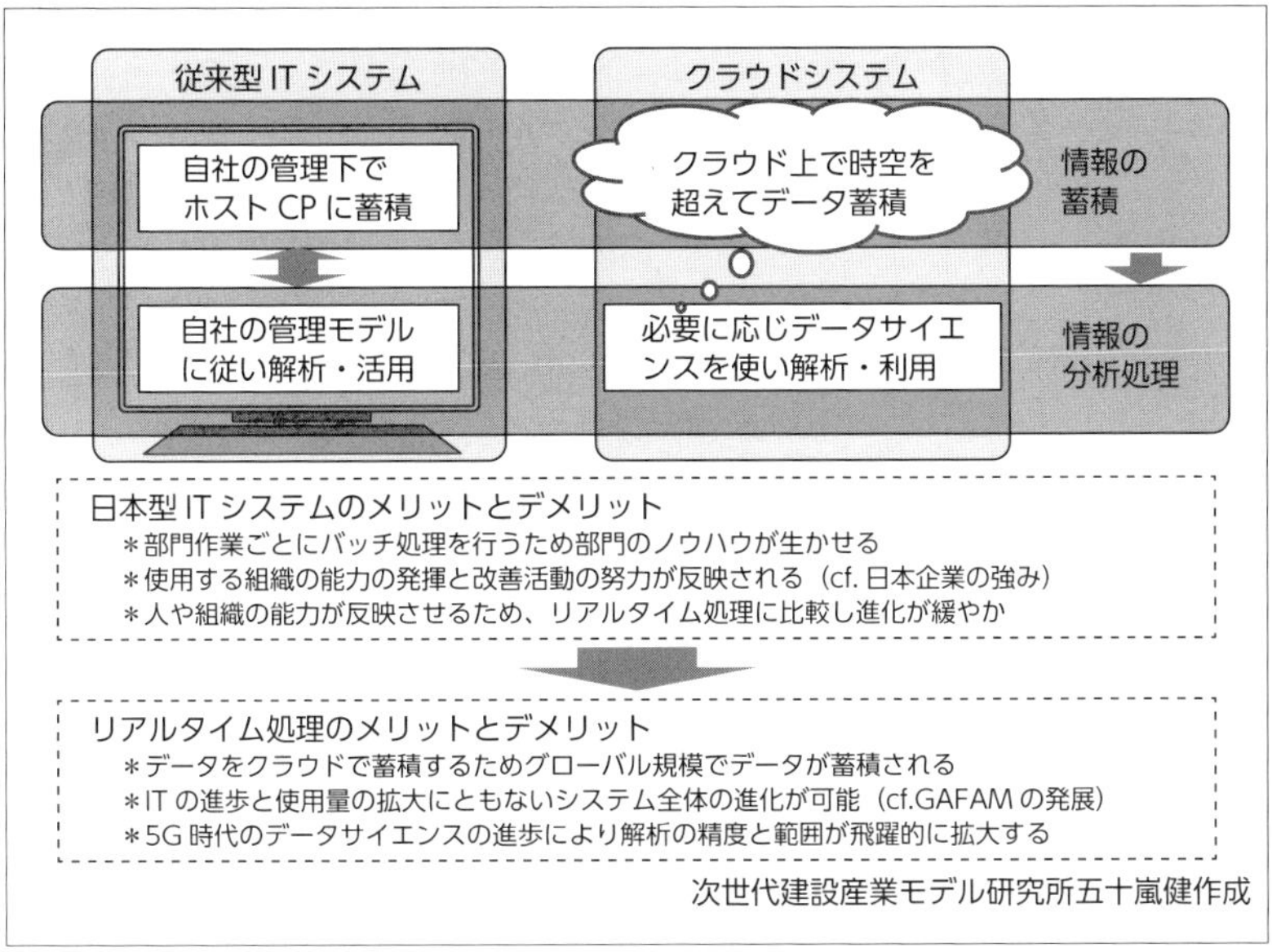
従来型 IT システム
クラウドシステム
自社の管理下で
ホスト CP に蓄積
クラウド上で時空を
超えてデータ蓄積
情報の
蓄積
自社の管理モデル
に従い解析・活用
必要に応じデータサイエ
ンスを使い解析・利用
情報の
分析処理
日本型 IT システムのメリットとデメリット
＊部門作業ごとにバッチ処理を行うため部門のノウハウが生かせる
＊使用する組織の能力の発揮と改善活動の努力が反映される（cf. 日本企業の強み）
＊人や組織の能力が反映させるため、リアルタイム処理に比較し進化が緩やか
リアルタイム処理のメリットとデメリット
＊データをクラウドで蓄積するためグローバル規模でデータが蓄積される
＊IT の進歩と使用量の拡大にともないシステム全体の進化が可能（cf.GAFAM の発展）
＊5G 時代のデータサイエンスの進歩により解析の精度と範囲が飛躍的に拡大する
次世代建設産業モデル研究所五十嵐健作成

図８　従来のＩＴシステムと５Ｇ時代対応の基幹システムの違い

が、現場全体での生産性向上を目指し、キャリアアップや働き方改革の効果を発揮させるためには、元下一体での利用が可能なスマートフォンによるデータ管理やリモート会議の推進が欠かせない。

さらに２０１９年から本格整備が始まった産業のインフラであるＢＩＭ／ＣＩＭ推進による建設産業の生産性向上と、その先にある蓄積されたクラウドデータの活用によるデータサイエンス活用を目指し、グローバル建設産業の先頭を目指すためには世界標準のリアルタイム処理を徹底させる必要がある。ピンチの時がチャンスである。ぜひ、ウィズコロナ対応の経営戦略見直しの機会に５Ｇの時代を見据えた自社ＩＴシステムの再考を議論し、コロナ後のＶ字回復に備えてもらいたい。

2-5

◆コロナ後のインフレ環境に備える戦略を

コロナ禍の発生から時間が経過し、いまだその終息は見通せないものの、企業経営に与える影響についてはだいぶ明らかになった。日本経済に与える影響は、観光やイベント業など一部で大きいものの、経済活動の根幹を支える製造業や金融・流通などは欧米や新興国と比較して軽微なダメージで済みそうだという。

むしろ建設産業にとっての関心事は、コロナ禍が収まった後のインフレ経済の到来と年々厳しさを増す気象現象だ。コロナ禍による経済のダメージも計り知れないが、その損失を補てんして経済を回復させるために、各国は積極的な財政出動を行っている。その負債を穴埋めするのはいつの時代もインフレ経済だ。また、夏には豪雨被害が各地を襲い、秋には台風シーズンも来る。地域の生活を守る建設産業としては、いまからそれに備える準備も重要だ。

ご存知のように建設業はインフレに弱い業種だが、バブル崩壊後の経済環境はデフレ状態が続き、ここ10年の市場回復でも資機材価格の上昇影響を最小限に止めることができた。今回のコロナ禍では戦後のような急激な物価上昇にはならないが、復興需要のような景気のけん引要素もないため、政府の金融のコントロール下で緩やかに、しかし長期にわたり続くものと考えている。

◆短期利益と持続的発展　どちらを取るか

一方、今回のコロナ禍で、ＲＯＥ経営から距離を置いた建設企業の経営姿勢が功を奏した。確かに生産設備や知的資産が少ない建設業にとって、想定外の事態に対応するために、一定の内部留保を確保しておくことは重要である。長い不況のトンネルの中で苦労したいまの経営者には、そのことは身に染みて分かっている。

競争が激化するゼロサム経済下で成長を目指す企業の多くがＲＯＥ経営を目指すのは、少ないチャンスの中でより大きい発展の可能性に賭けるためである。不動産や物流企業の近年の成長は、外部資金を活用して資産のオフバランス化を図り、ポートフォリオ経営に基づき、より成長性の高い事業に資金を回すためだ。

建設産業でも欧米の成長企業を見るとこの傾向が著しい。現在、世界大手6位のフランスのＶＩＮＣＩ社が関空の旅客支援施設の運営をＰＦＩ事業で受託しているように、事業分野を本業の建設事業からより収益性の高い事業にシフトしている。日本でも、日立製作所は長期的に内部留保を高めることに注力するともに、その資金で英国鉄道のＰＦＩ事業を受託するなど、世界的なゼロサム経済の進行の中でより安定性の高い事業に取り組む長期戦略を描いている。

同じように資本装備率の高い海洋土木や寡占化が進む住宅市場でも、独自のビジネスモデルを強化する企業の成長が目立つ。激しい競争環境が続く中で、他産業に比べて利益率の低い建設業では自己資本比率の向上は安定経営の決め手となる。また特定市場でマーケットを占有できる収益性の高い市場を構築する

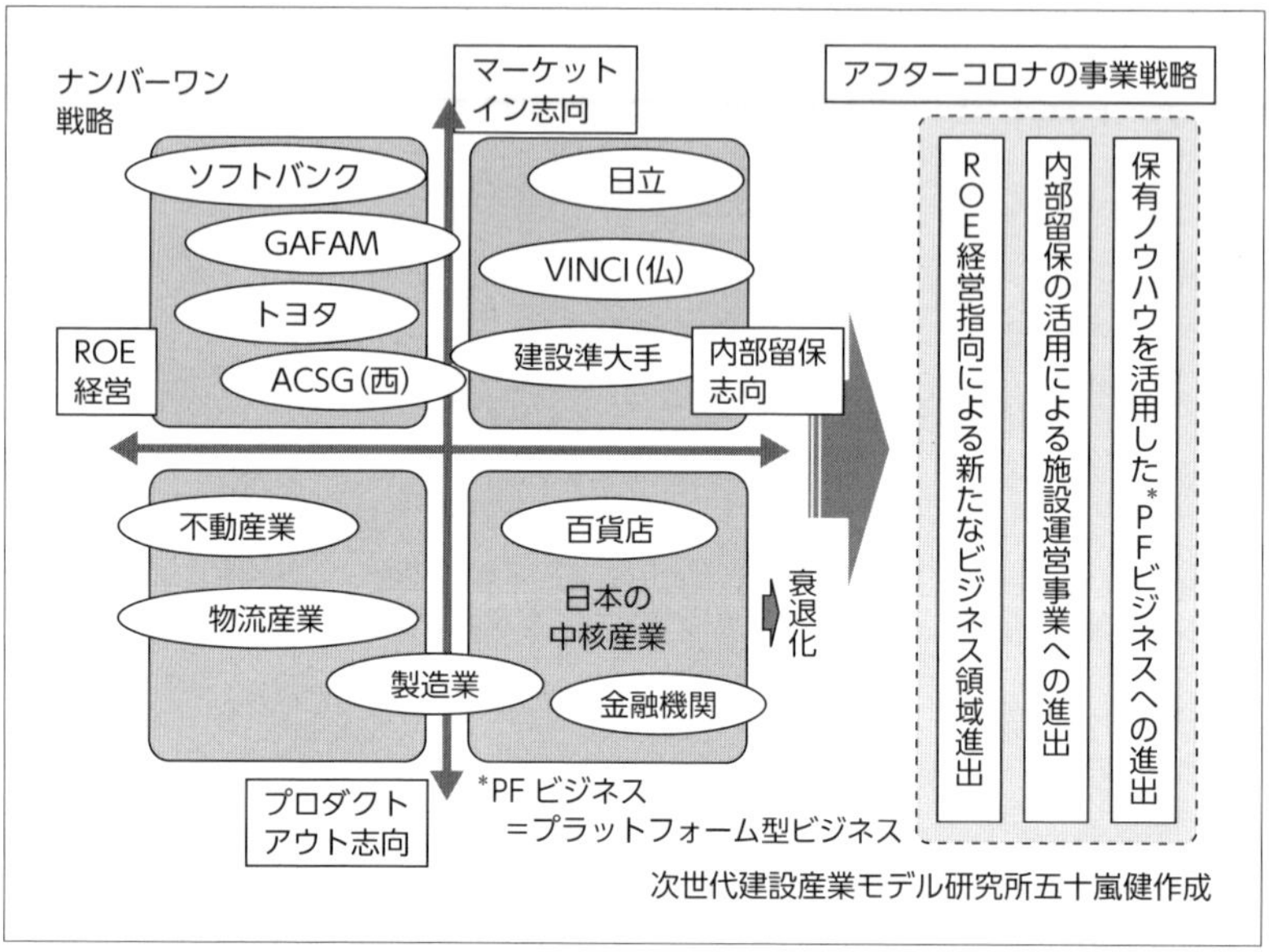

図9　激変の時代に新たな成長を目指す事業戦略の検討手段

ビジネスモデル構築も有効である。

ゼロサム経済が続く中で、日本の建設業でも短期利益重視と持続的発展重視のどちらの戦略を取るかが重要になる。さらに株主を公開している企業では、株主の重視とステークホルダー重視のどちらの経営を選択するかも企業の発展にとって重要になる。また、短期の視点で考えると、現下のウィズコロナの状況は若手人材獲得のチャンスだといえる。特に高卒人材のリクルート活動はこの秋からになるが、製造業の落ち込みにより、技術系の求人倍率には低下がみられる。一方、建設産業では国土強靭化事業の延長など今後も土建や機械、IT分野の技術者の活躍の場は増える。

就業者にとっては、地域に安定した仕事の場があり、仕事の成果が家族や友人に見える形で残り、地域に役立つことが生きがいになる。いかに具体的なリクルート活動を展開するかも企業の将来にとっては勝負どころである。

第 3 章

激変の時代に向け経営戦略の再構築を考える

3-1

◆IoT・5G時代の建設産業の戦略事業領域

いよいよ時代は5G（第5世代移動通信システム）のデジタル化に向けて動き出した。これによって建設産業の事業構造に大きな変化が起こるのはi-Construction推進と国土強靭化・防災対応分野になる。どちらもこれからの建設業にとって重要な市場である。本項ではそれに対する企業の対応戦略について考えてみたい。

図10は総務省がつくった「IoT・5G時代の産業構造の領域変化」の図を基に、建設産業の事業変化について示したものだ。まず左端にある4Gの主な対象領域は、現在の移動通信携帯電話サービスによるビジネスを示したもので、ここにはGAFAMが展開している地図情報サービスや通販、物流産業など映像携帯端末を使った情報サービスがある。

これに対しIoT（モノのインターネット）・5Gで新たに加わる対象領域には自動車分野、産業機械

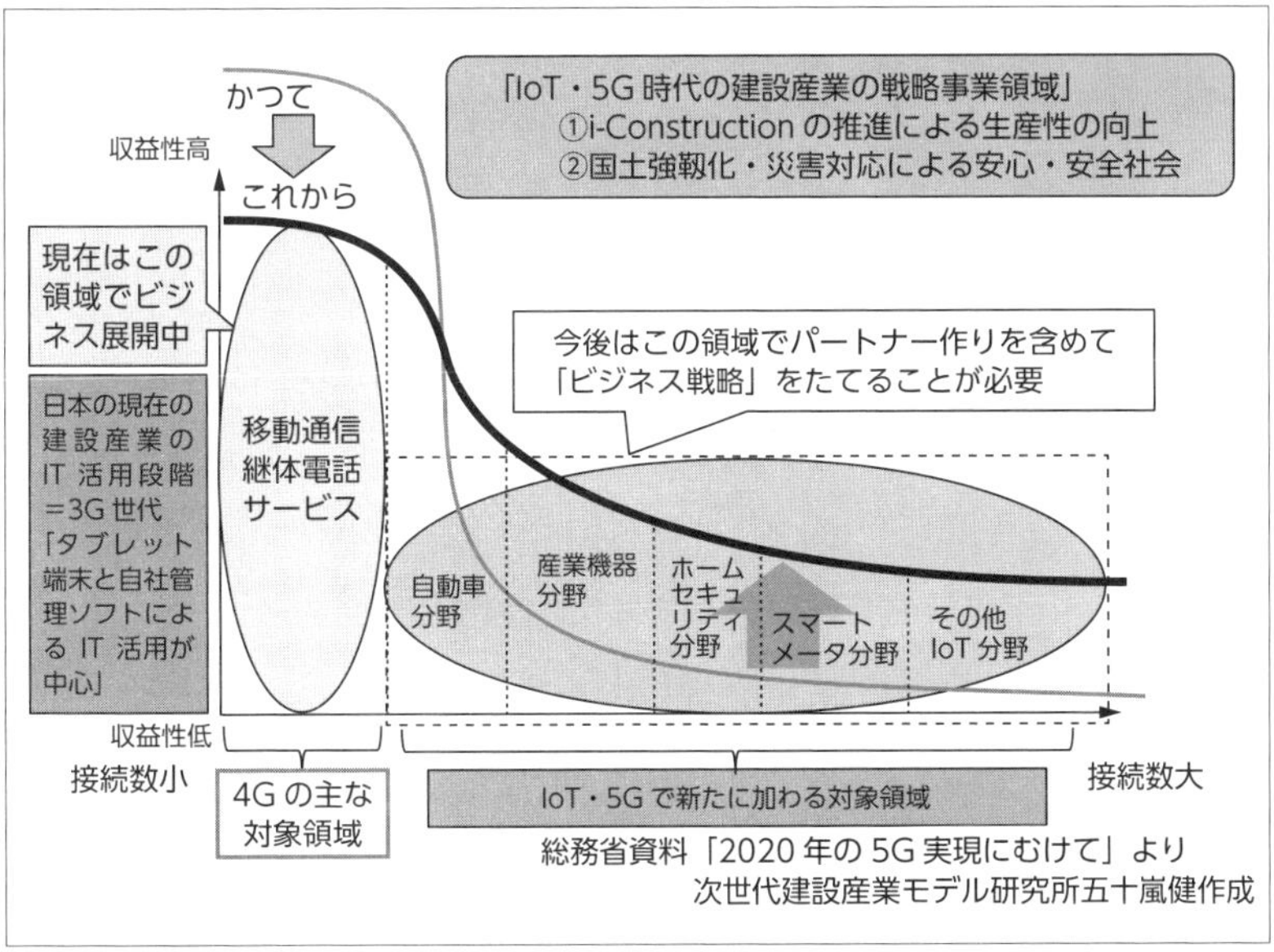

図 10　5G 時代の産業構造の領域変化とビジネス戦略

分野、ホームセキュリティー、スマートメーター分野などがある。自動車分野を考えると自動運転と車の位置情報によって車の運行が公共交通機関並みの精度で管理でき、重機や資機材の調達やコントロールの精度が格段に向上し、工事現場の管理領域が現場内から外部に及び工程管理の精度や範囲が広がることが考えられる。

そのほか、気候災害が発生した場合の特殊重機やICT建機の確保が行いやすくなり、防災施設の被害状況がリアルタイムに把握でき、減災や復旧活動の迅速化につながる。また、人命や経済被害を減少することも期待でき、それに関連した機材整備や提供サービス事業が拡大するだろう。さらにコンクリート構造物の残留耐力を判断するスマートセンサーによる構造物の判定システムが確立することで、社会の安全・安心が増すだけでなく、その補強や機能更新工事などさまざまな建設工事も発生する。

現在、グーグルの地図情報の活用によって、旅行や飲食サービス情報の紹介斡旋やその周辺の新たなサービス事業が起こっている。まさにグーグルの地図インフラからインバウンド事業の拡大、衣装のレンタル事業など大小さまざまな事業は創出される。建設業にとっては、その中で自社の潜在競争力を生かして、いかに新たな事業やビジネスモデルを構築するかが、成長のカギになるだろう。

◆マーケットインの視点で検討を

しかし、そうした大きな社会変化が一気に起こる訳ではない。5G時代を目指した通信機器の新商品は現在ようやく店頭に並んだところであり、その普及のカギとなる料金体系やアドレス互換性の向上など、周辺制度の整備はこれからだ。

今後、既存不動産の長寿命化に向けて、これまで新築施設が中心だった確認申請にも既存施設の性能判定に向けた制度整備が必要になる。企業の市場開発のタイミングは、そうした社会制度整備の実現時期や具現技術の開発期間、市場側のニーズの熟度や開発ビジネスモデルのコストパフォーマンスなども考慮する必要がある。

しかし、まずは5G時代に向けた自社の事業領域の構造変化を考えることが必要になる。情報通信技術や事業戦略の検討など不明なことが多く、外部の専門家の支援を頼みたいところだろうが、まずは社内の知恵を結集することだ。なぜなら自社の置かれた事業環境や実績、保有人材については自分たちの方が熟知しているからだ。

ただ、建設会社の場合、プロダクトアウト型のアプローチから出発する傾向が強いことに留意しなければならない。これについては、専門家の意見も参考になる。また、社内では当たり前と思っていることの中に気付かない潜在資源がある場合もあり、新たな事業分野への進出には社外とのネットワークも重要になる。協力企業や取引先からの参加を募ることも一考だろう。

その際検討の効果的エンジンになるのは、社内のコミュニティー密度とリーダーの存在だ。企業内のリーダーにはさまざまなタイプがあるが、私の経験ではファシリテーター型のリーダーが望ましい。それは必ずしも企業トップではなくてもよいが、社内と社外の事業環境を熟知し、かつ自社の潜在成長力を把握し、検討グループをその方向に結集できる資質を持った人間になる。

幸いプロジェクト受注の面ではコロナ禍の影響もあって仕事量は一時の過剰状態を脱した企業が多い。ぜひ、この機会に5G時代を見据えた事業力の強化について考えてみてはいかがだろうか。

3-2

◆都市情報のデジタル化からアプローチを

前項で5G時代の産業領域の変化について述べ、4G時代に入った建設産業のデジタル活用の現状は、欧米や中国の後塵を拝していると書いた。

しかし、決して日本のITが世界に対して遅れているわけではない。むしろ各分野の先端では世界の最高水準に達している。本項では建設産業におけるIT活用の現状を見ながら、どこに課題があり、それを是正するためにどうしたらよいかを考えてみたい。

現在、建設産業の設計コンサル分野では新築施設のBIM／CIMから取り組んでいる。一方、建設現場では、タブレット端末で自社の工程管理や出来形管理、契約管理ツールを使って業務を行っている。これはまさに第3世代ツールの活用であり、グーグルの地図情報活用による観光や飲食産業、不動産業の現状より遅れている。

その原因は、建設産業が以前から先行してIT活用に取り組んできたため、社内システムがそれに応じて構築されており、現業の利用者もその方が使いやすいからだ。しかし、世界レベルで産業領域を超えたデジタルデータの活用が可能となる時代には、世界標準のツールでデータを共同活用する方がメリットは大きい。

5G時代の入り口にいるいま、現場からトップの経営会議のデータ活用まで思い切ってそれに切り替える必要がある。前回述べたように5G時代には重機や資機材の調達や管理の精度が格段に向上し、工事現場の管理領域が現場外に及び、工程管理の精度や範囲も広がる。このため、5G時代に向けて世界標準のシステムに転換できれば、これからもその競争力は世界の中で発揮できる。しかも3G時代の蓄積を生かせる産業分野も多く、切り替えによる混乱は一時的なものだ。

早稲田大学で開かれたBIM活用のシンポジウムで感じたことだが、建設事業分野でも実際の状況に合わせた情報データ整備や、そのビジュアルツールの活用を適切に行っていけば、意外とスムーズにデジタル情報の統合化とその活用が進むと考えている。

◆オーナーズBIMで生産性向上

しかも大きな社会変化が一気に起こる訳ではない。5G時代を目指した通信機器の新商品はいまようやく店頭に並んだところであり、その普及のかぎとなる乗り換え障壁の解消などの制度整備はこれからだ。

第1章で述べたように、日本はこれからインフラストック活用の時代に入る。それに応じ建設産業の活動も、欧米と同じようにその利活用に視点を置いた体制を整備する必要がある。そのためには図11に示すように既存施設の活用プラットフォームであるオーナーズBIM[注7]の開発を行い、その利用による生産性向上を目指す必要がある（ここでいうBIMは世界的にいうBIM構造物環境で都市&不動産施設のデジタルプラットフォームを指している）。

また、図の右側に示すストック活用の社会効果は、そうしたプラットフォームをつくり、不動産管理業務の内容やエネルギー消費量を見える化することで、合理的な不動産の管理や価値評価が可能になり、そ

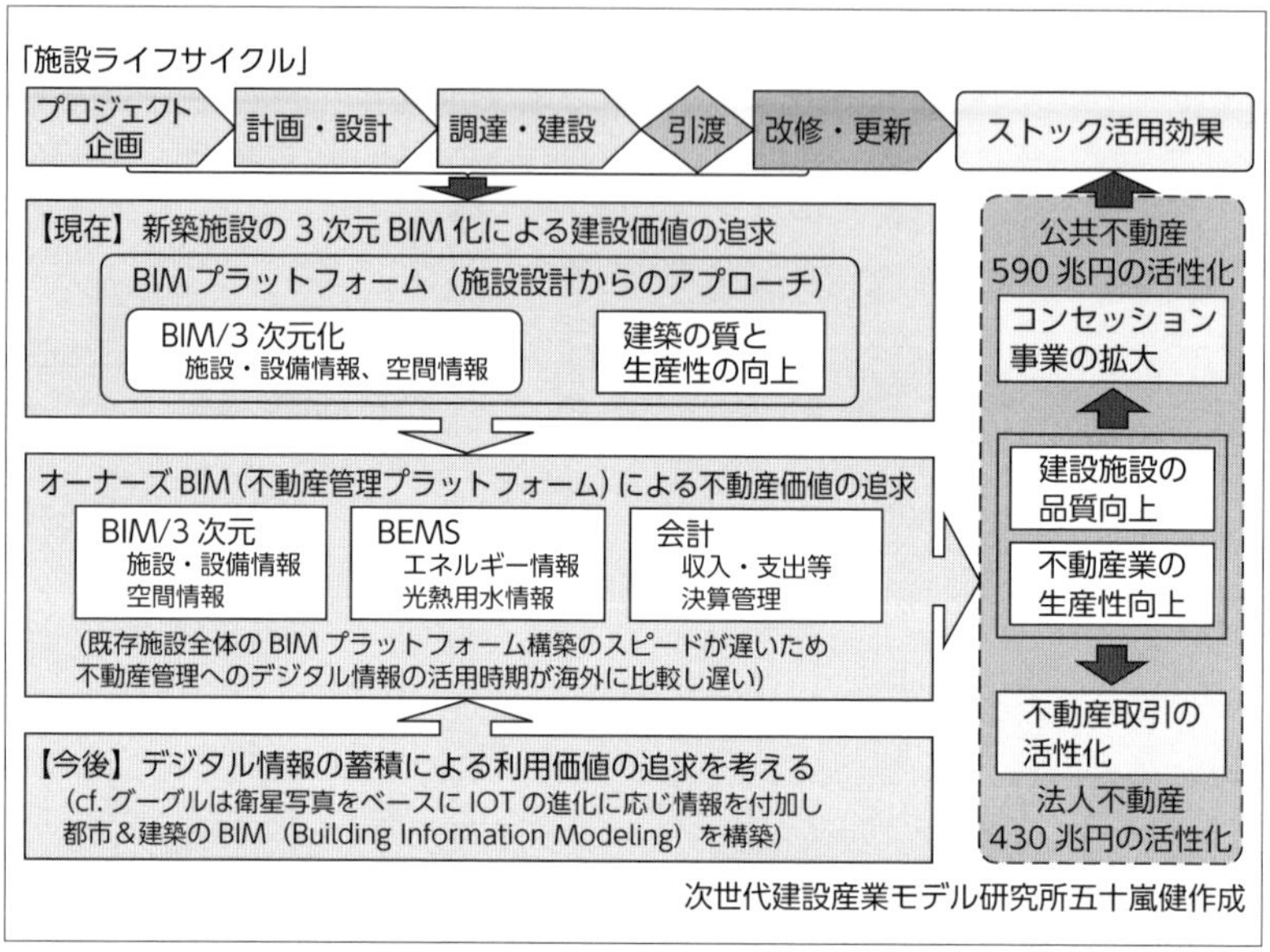

図11　BIMプラットフォーム構築によるストック活用効果

れによって建設施設の向上や不動産業の生産性向上が図られ、公共不動産５９０兆円の活用促進や、法人不動産４３０兆円の取引や利活用の活性化につながっていく。

これはストック活用時代の経済活動や個人の生活にとって重要なことである。しかし現在の日本の建設産業では残念ながらこの認識が薄く、それが優秀な技術やノウハウを持ちながら経済活動の面で不動産業に後れを取っている原因でもある。

この状況を改善し、欧米との建築都市デジタル情報活用の差を縮めるのは、いまからでも遅くはない。図に示すように、施設設計からのアプローチによるＢＩＭデータ蓄積とともに、国内の既存建築都市情報のデジタルプラットフォームの構築とその活用体制の整備が重要である。

不動産でのＩＴツールの利活用は不動産管理者や施設管理技術者が多く、ＩＴや設計に関する知識に不慣れである。このため、その使いやすいツールやマニュアルづくりもユーザーサービスの一環として建設産業の方で進める必要があると考えている。

注7…建築技術者ではない不動産所有者や管理運営者の不動産管理を目的に、早稲田大学とプロパティデータバンク社が共同開発したクラウド型デジタルプラットフォームの通称。従来のプロパティマネジメント業務にビルマネジメント業務機能を付加したBIMシステムとなっている。目的を不動産管理運営に特化し、実用化を重視したシステム設計のため、処理スピードが速く技術者以外のユーザーにも分かり易いことが特徴である。

3-3

◆発展のカギは事業間戦略にあり

コロナ禍の発生から1年近くがたった頃、建設産業の受注動向にも暗雲が立ち込めていた。それにデジタル化の進行が加わり、次期以降の事業の見通しがたたない状況だった。このため、一部には安値受注に走る傾向も見られた。

しかし、国土強靭化や脱炭素関連投資、既存ストックの機能更新などの工事があり、統計的な需要予測からは建設業の中長期的な工事量は横ばい傾向が続くと考えている。建設経済研究所のコロナ後の回復シナリオのシミュレーションや企業の決算報告書の内部留保の状態から考えても、危惧する状況は見当たらない。

むしろその後に訪れる、つながる5G時代の事業構造の変化のほうが重要で、コロナ禍のこの機会に事業戦略について考えることのほうが重要だと考えている。ここ数年続いた繁忙状態から離れた間隙をぬって、企業発展を目指す次の事業として何をどう考えたらよいか述べたい。

そのポイントはズバリ事業構造の変化によって生じた既存組織や営業体制の隙間や周辺領域を埋めることで、従来の言い方をすればニッチ戦略やマージナル（周辺）戦略になる。

大手ゼネコンで言えば、従来の主要プロジェクトは大型新築工事であり、これを基本に社内のヒト・モノ・カネの運用体制ができ上がっている。しかし、既存ストックの増加に伴い、維持管理や改修保全の小

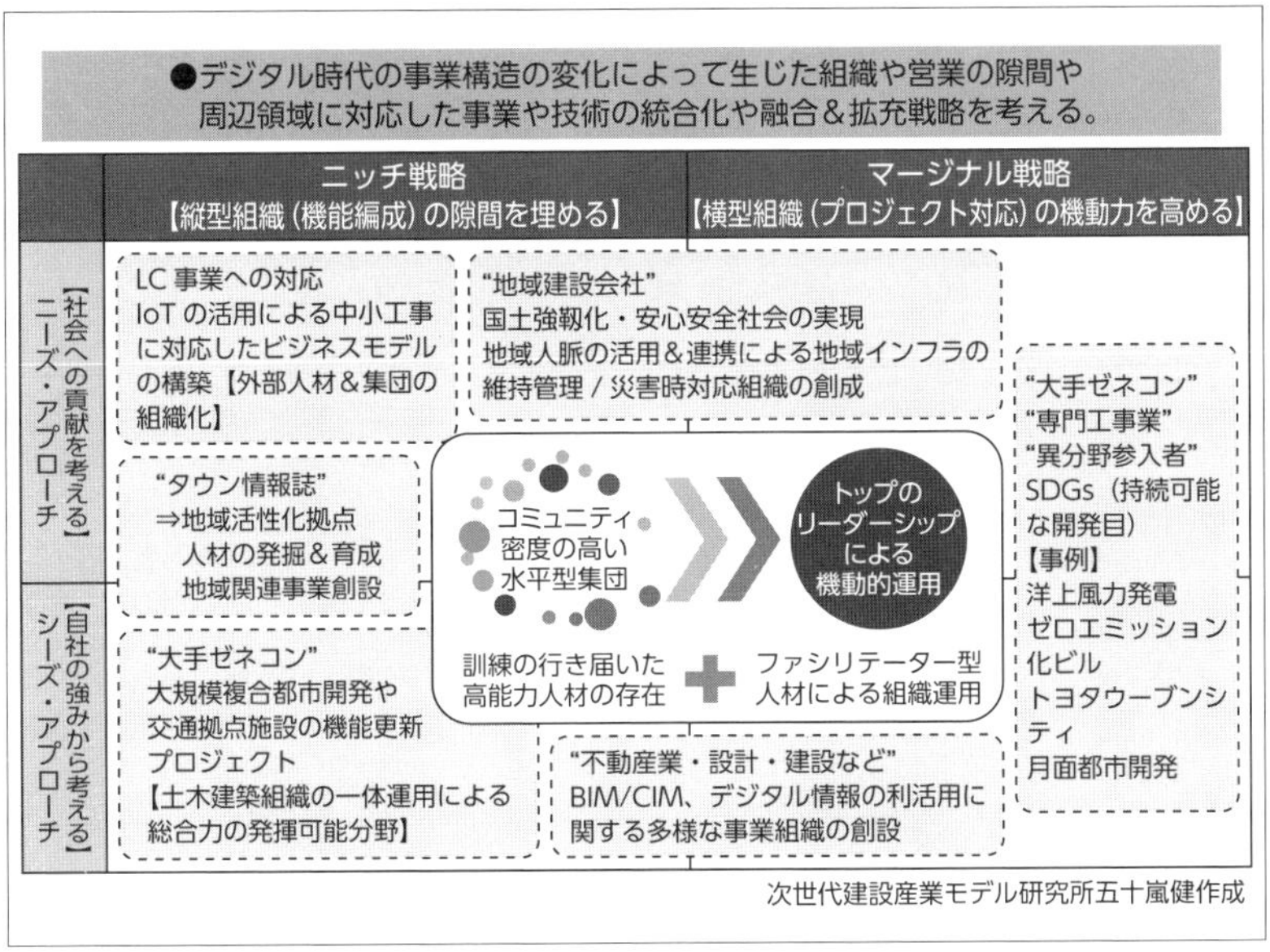
●デジタル時代の事業構造の変化によって生じた組織や営業の隙間や
周辺領域に対応した事業や技術の統合化や融合＆拡充戦略を考える。
ニッチ戦略
【縦型組織（機能編成）の隙間を埋める】
マージナル戦略
【横型組織（プロジェクト対応）の機動力を高める】
【社会への貢献を考える】ニーズ・アプローチ
【自社の強みから考える】シーズ・アプローチ
LC事業への対応
IoTの活用による中小工事に対応したビジネスモデルの構築【外部人材＆集団の組織化】
“地域建設会社”
国土強靭化・安心安全社会の実現
地域人脈の活用＆連携による地域インフラの維持管理／災害時対応組織の創成
“タウン情報誌”
⇒地域活性化拠点
人材の発掘＆育成
地域関連事業創設
コミュニティ密度の高い水平型集団
トップのリーダーシップによる機動的運用
訓練の行き届いた高能力人材の存在
ファシリテーター型人材による組織運用
“大手ゼネコン”
“専門工事業”
“異分野参入者”
SDGs（持続可能な開発目）
【事例】
洋上風力発電
ゼロエミッション化ビル
トヨタウーブンシティ
月面都市開発
“大手ゼネコン”
大規模複合都市開発や交通拠点施設の機能更新プロジェクト
【土木建築組織の一体運用による総合力の発揮可能分野】
“不動産業・設計・建設など”
BIM/CIM、デジタル情報の利活用に関する多様な事業組織の創設
次世代建設産業モデル研究所五十嵐健作成

図12　つながる５Ｇ時代に向けた事業戦略の発想と展開手法

規模工事の割合が増加し、その利益率も高い。一方、大型工事は競争が厳しく工事難度の割に利益率は低い。この分野に着目し、ＩＴツールを使って事業システムを構築すれば事業効率は上がる。

◆ニッチやマージナル領域に焦点

また、大規模都市再開発や交通拠点施設の機能更新では、土木・建築を複合した体制で取り組むほうが工期短縮や仮設費の軽減効果も大きいだろう。

それだけでなく、最近ＳＤＧｓ（持続可能な開発目標）という言葉をよく聞く。そのポイントは社会活動のあらゆる面で地球温暖化防止を目指すもので、建設産業でもビルのゼロエミッション化や洋上風力発電開発など、具体的な事業に取り組んでいる企業が多くあるが、日本の建設企業活動に最も大きく関係するのは国土強靭化、安全・安心社会の実現だろう。

地震や水害の多い日本の建設技術は古くからこの分野に注力しており、耐震技術や治水技術など世界的に見ても独自の優れた技術蓄積がある。さらに現在、少子高齢化社会に向けてIoTやAI（人工知能）を活用したその高度化・効率化に国家予算の重点配分が期待されている。地域の建設会社にとっても、この分野で実力を発揮できる仕事は多い。

最近は気候変動の激甚化に伴い、集中豪雨による河川氾濫や地滑り災害も全国的に発生している。災害発生時にはその活躍範囲も地域インフラ施設の保全から人命確保、地方自治体や地元団体との一体協力など地域ならではの活躍の場も多い。その時の戦力は自社の人材や保有機材が中心であり、こうした経営資源を確保するためには、地域維持型の契約事業の拡大も必要になり、地域ごとにそのニーズも異なる。

東北や北陸などの豪雪地帯では近年、地域災害に対応した地域維持型事業の実施方法も充実してきた。こうした先進地域の事例を参考に、地域の建設事業のあり方を官民一体で再考してみてはどうだろうか。

私はかつて地盤改良やプレハブ工事を得意とする会社で建築を担当していたが、その時のマーケティング戦略をニッチ事業やマージナル事業の視点で考えていた。その経験から各建設会社にはそうした分野が多くあり、それぞれにベテランの人材もいると考えている。

しかし、全社的視点からそうした人材を集めて、経営的な視点で検討して提案にまで高められる人材は少ない。それが会議を進行するファシリテーター型人材の役割であり、欧米では近年こうしたファシリテーターの重要性が増している。そのやり方で自社の事業の再構築を進めれば、第2、第3の「ミニGAFAM」や「ミニテスラ」の出現も夢ではないだろう。

3-4

◆5G時代到来で大きく動き出した事業戦略

アマゾン創業者のジェフ・ベゾス最高経営責任者（CEO）が2021年に退任した。後任は同社でクラウド部門を率いるアンディ・ジャシー氏だ。同社がオンライン書店を始めてから、わずか10年で1000億ドル企業に成長したように、成長が早いのがIT企業の特徴でもある。成長の要因は、電子取引と並行して進めてきたハードの無人物流施設の整備にある。

商品のストックから仕訳、配送に至るまで自動で行う配送センターは、物流コストの大幅な削減と搬送のスピード化を実現し、この2つを武器に全世界に通販事業を拡大していった。同社はGAFAMの一角を占める、4G（第4世代移動通信システム）時代の物流革命の雄である。

その経営者がクラウド部門のトップと交代するのは、4Gから5G時代に向けた経営戦略の転換を示唆するものだろう。その他産業界の新年のニュースとしては、電通本社ビルや東京ドームなど有名建物の売却のニュースも目立つ。これは5G時代の到来に備え、拡大する周辺事業に低コストの事業資金を投資するために、ROE戦略の一環として所有不動産を処分する目的がある。5G時代の到来による新たな事業チャンスに備え、資金の準備をしているものだ。

既に5G時代に向けた新たな事業を進める例は、ゲームソフトやエンターテインメント業界に多い。漫画やコスプレなどのオタク文化は世界の共感を呼ぶ要素を備えた日本発祥のコンテンツで、その中で『鬼

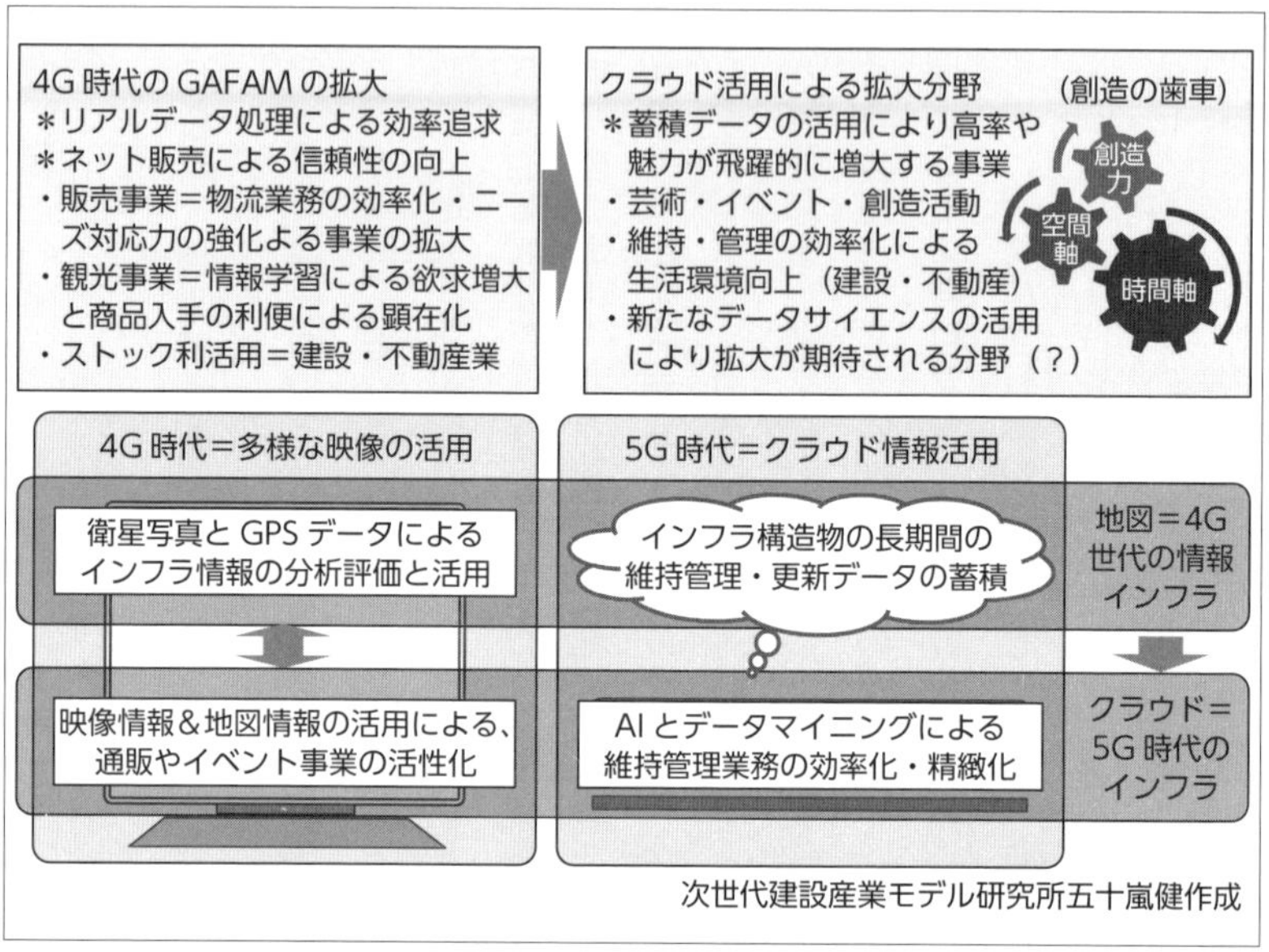
4G時代のGAFAMの拡大
＊リアルデータ処理による効率追求
＊ネット販売による信頼性の向上
・販売事業＝物流業務の効率化・ニーズ対応力の強化よる事業の拡大
・観光事業＝情報学習による欲求増大と商品入手の利便による顕在化
・ストック利活用＝建設・不動産業
クラウド活用による拡大分野
＊蓄積データの活用により高率や魅力が飛躍的に増大する事業
・芸術・イベント・創造活動
・維持・管理の効率化による生活環境向上（建設・不動産）
・新たなデータサイエンスの活用により拡大が期待される分野（？）
（創造の歯車）
創造力
空間軸
時間軸
4G時代＝多様な映像の活用
5G時代＝クラウド情報活用
衛星写真とGPSデータによるインフラ情報の分析評価と活用
インフラ構造物の長期間の維持管理・更新データの蓄積
地図＝4G世代の情報インフラ
映像情報＆地図情報の活用による、通販やイベント事業の活性化
AIとデータマイニングによる維持管理業務の効率化・精緻化
クラウド＝5G時代のインフラ
次世代建設産業モデル研究所五十嵐健作成

図13　４Gから５Gへ、ビジネスを創造するカギは何か？

滅の刃』は、新型コロナウイルス感染症の流行でイベント開催が振るわない中、短期間に大型の興行収入を更新した。

◆課題は個人から組織への知識資産移行

現在、音楽業界では優れた演奏家によるコラボレーションやフュージョンが人気を博しているが、その若年化も目立っている。元来音楽は、それぞれの地域の伝統や生活環境の中で育ってきた旋律や楽器があり、和楽と洋楽など異種の共演はその特性を理解した上で初めて可能になるものだ。

しかし、デジタル技術の進化により、現在微妙な音色や旋律を電子上のビット情報で再現することが可能になった。そのため音楽的センスやその表現力が優れた人であれば、多くの演奏家や楽器が必要な音楽も１人で創造・演奏できる。それが若手の台頭や音楽の革新性を高めている理由だと

考えている。

同じように個人や組織の中に蓄積された経験や習熟度が発揮されるのが、現場で一品生産の大型構造物を造る建設産業である。そのために建築や土木という2大区分以外に、大型ドーム構造、長大橋梁技術、ホールや病院、堤防や貯水施設など、工種や利用種別ごとにそれを得意とする専門工事業や設計・工事の技術者がいる。特に大型工事や難工事の場合は、大企業でもその現場を確実にマネジメントできる所長は限られており、他の産業に比較して属人依存度の高い産業である。

しかし、デジタル化やAI技術の進歩により、個人の経験を反映した判断や重機のできる機械処理領域が増えていく。そうした時代には、コロナ禍での給付金支給や保険業務で明らかなように、日本型のバッチ処理システムより標準化の進んだ機械処理システムの方が優れている。それだけでなく、基準の異なるバッチ処理の場合は、目詰まりによる停滞や人の混乱が生じる原因にもなる。

5G時代にはデジタルデータの処理能力やクラウドによる蓄積の能力が飛躍的に高まる。また、ビットデータによって構成されるデジタル社会では、リテラシーやコンテキストの異なる分野の作業でも、音楽の異分野コラボやフュージョンのように共同作業や結合が可能になる。

日本の建設産業で期待される分野としてはBIM／CIMの統合や設計から維持管理に至る業務の一元化やそれによる生産性や精度の向上がある。

それによって産業全体としての効率化の進行や新分野への展開の効果は計り知れない。

3-5

◆クラウドデータ活用が期待される国土強靱化分野

２０２１年2月13日に東北地方を中心に震度６の地震があった。激しい揺れだったが、東日本大震災の教訓が生かされたため、被害は少なかったという。

豪雪や豪雨災害も年々激しさを増しており、国土強靱化は日本の重点課題になっているが、情報技術の進歩はその推力として期待される。ここでは５Ｇ時代の到来による国土強靱化の未来とその担い手である建設会社の事業効能の変化ついて考えてみたい。

前項で書いたように、４Ｇから５Ｇ時代への変化は単にパソコンの処理能力の向上だけでなく、ＡＩやクラウド、多彩な映像技術の進歩によるところが大きい。中でも期待されるのが、ＡＩによる文字情報の分析・活用だ。文字は人類の歴史を記録するツールとして大切に扱われてきた。それを目的に応じて整理・考察するためには多大の時間を要する。

しかし、ＡＩの進歩により、文字をパソコンに学習させ、人の思考手順に従って再構成することが可能になった、しかもその作業は格段に速い。それによりデータマイニング分野の利用が急速に広がっている。

つながる５Ｇの時代には、こうしたリアルタイムの映像情報の処理が気象災害の削減や生活安全に与える革新的進歩のほかに、時間軸で情報処理を行う技術がもたらすメリットもある。最近注目されているＩＴクラウドは、コンピューターの外部に所属信号を付けたデジタル情報を蓄え、必要に応じてそれを再集

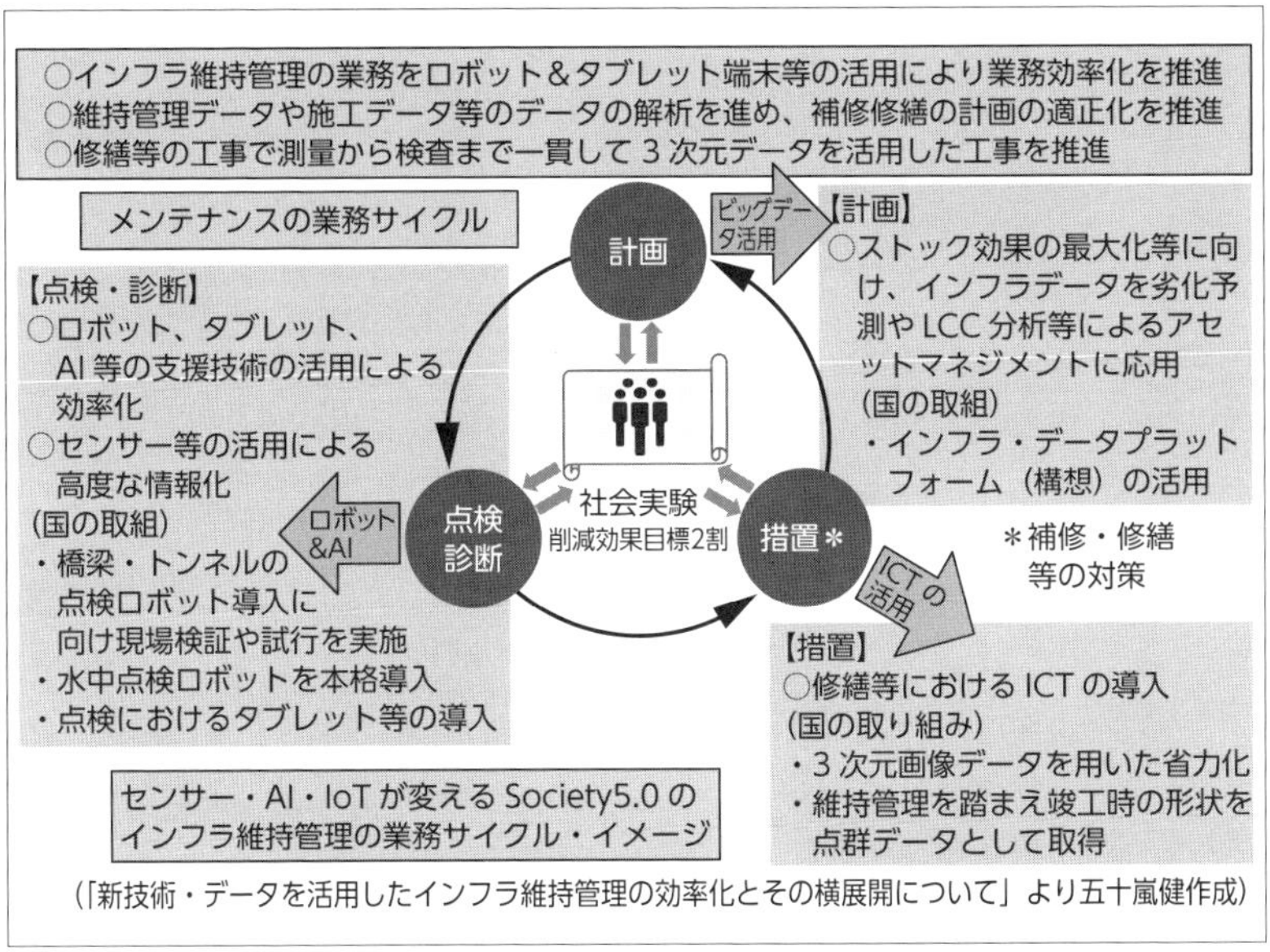

(「新技術・データを活用したインフラ維持管理の効率化とその横展開について」より五十嵐健作成)

図14　IT技術とデータ活用によるインフラ維持管理の効率化

合させ、その処理を電子のスピードで行うため処理が速い。

また、パソコンの外部で行うため情報の蓄積量はほぼ無限大になる。建物や土木構造物は使用期間が長く数百年に及ぶ。その使用の間に技術の進歩や使用目的や環境変化によって、改修や維持管理が行われる。この技術を使えば、そうした膨大な記録を時系列で蓄えて解析し、構造物の性能向上や維持管理の効率化に使うことができる。

さらにその情報と画像情報を一体的に解析することで、わかりやすく理解することもできる。そうした構造物の蓄積情報を解析し、活用する手法として、近年データマイニング技術の進化が著しく、行動心理学やマーケティング、金融工学などの分野でこの技術を活用する動きが著しい。

人の頭の思考回路もパソコンに似ている。そのため子どもが発達段階で周囲の生活環境の中で繰り返し学習の刷り込み効果によって自然と言葉を覚えるように、多変量解析の指向を会得する。逆に文法から入る語学の学習法は受験勉強のイメージもあり苦手が先行するのだ。

それを建設分野に使うことで、長時間使う建設構造物の維持管理データ処理の改正が飛躍的に向上し、結果建物の価値や劣化診断、その改善活動に利用できる。それにより新たな未来が開ける可能性がある。

◆データマイニングで開ける建設産業の未来

建設分野での利用としては、日本では既に現場の作業管理や作業分析、不動産管理に使われているが、海外では市街地エリアのＢＩＭ化により不動産取引に使われている。それ以外にも医学や生命科学、気象予報の分野での利用は多い。さらに豪雨被害予想や河川氾濫時の対応に使われているが、このシステムが全国的に整備されれば、その効果は計り知れず、災害大国日本の貴重な防災インフラになる。

20年から21年にかけての冬は寒波による豪雪などの災害が世界各地で発生し、コロナ禍のニューヨークでは豪雪がその被害を拡大させた。日本でも豪雪被害は大きかったが、気象予報技術と除雪対応体制の整備により、その人的被害は最小限で済んだ。

建設技術や活動は人が基本のシステム産業で、現場で地形や環境に合わせて一品生産の構造物をつくる。そこでは、人の活動と自然の仕組みをその場に応じて柔軟に考え、まとめ上げていく思考や活動が重要になる。

そのため、自動化や効率化が難しかったが、５Ｇ時代には建設産業の多くの分野でその活用が進み、産業の生産性の向上と構造物の性能が飛躍的に高まることが期待でき、新たな建設産業の未来が開けるだろう。

3-6

◆国際基準とIT化への対応が産業の未来を拓く

２０２０年から21年の1年間では、コロナ禍もあり企業活動にはさまざまな制約はあったが、デジタル革命は確実に進行した。

そんな中で策定された第５次社会資本整備重点計画は、インフラ施設を土木・建築に設備を含めた全体を社会資本としてとらえ、その建設から維持管理までのプロセスを一貫したシステムとして構築することを目指している。

これまで建設産業における業務は大きく土木・建築に分けられ、さらにそれをつくる建設業と活用維持管理をする施設管理者に分かれ、それぞれが全体最適を目指して活動してきた。しかし今後はこの統括スキームがストック利活用時代の基本的な産業の枠組みになる。

こうした産業プロセス統一の背景には、ストック型社会とデジタル革命進行への対応がある。日本でも近年、インフラ施設の高度化とストック量の増加によって建設と維持管理の事業規模が対等になり、その経済効果も整備と利活用が半々になってきている。

伝統産業である建設産業には従来から継承してきたさまざまな見えない壁があり、それがデジタル対応の障害になっているが、これを国際基準やＩＴ時代の変化に合わせることで日本企業の新たな発展につながる。

特に5G時代の建設産業で期待される分野としては、自動運転車による安全性・利便性の向上とインフラ管理への情報技術の活用による国土強靭化がある。豪雪や豪雨災害は年々激しさを増し日本の重要課題になっているが、現地個別対応が中心となるその活動面において、5G時代の到来によるパソコン処理能力の飛躍的な向上はその強力な推力になる。

パソコン活用の進化を見ると、5G時代にはクラウドによる履歴情報の蓄積とAI解析の方に移行する。それはとりもなおさず日本産業の復権につながると考えている。

欧米の大手企業は以前から科学的経営を目指し、AIやデータマイニングの活用に注力してきた。これが行動心理学やマーケティング&金融工学の活用につながっている。一方、日本はこれまで広いモノづくりの分野で、その生産管理や性能管理の部分で効率的な情報システムの確立・活用を行ってきた。そうした要素技術を組み合わせて、組織的に運用していけば、5Gの時代のシステム構築も夢ではないだろう。

◆BIMクラウド活用による維持管理の効率化

使用期間の長い土木構造物や建物の維持管理の分野で、長期間の維持管理記録や改修履歴の解析・学習にデータマイニングを活用すれば、構造物の性能向上や維持管理の効率化に役立つと述べたが、ここではその事例を紹介したい。

それにより、周回遅れの状態にある4G時代のグローバル企業の活躍を凌駕できる期待がある。これまで述べてきたソニーやトヨタの5G時代に向けた戦略はまさにそれを目標としている。

私たちも、既存ビルの維持管理の高度化と省力化を目指して「オーナーズBIM研究会」を立ち上げ、ささやかな研究活動を続けてきたが、まだ最初の1年間なのにもかかわらず期待以上の成果を上げることができた。

これは複合賃貸ビルの維持管理データをＡＩに学習させ、そのマイニング分析をＢＩＭで行い、リアル作業の高度化活動を組み合わせる実証研究で、その構成内容はインフラ維持管理の効率化プロジェクトと同じである。

その基礎となる不動産クラウドである「@プロパティ」は既に20年前から実用化されて改良を重ねており、いまでは業界のデファクトスタンダードになっている。モデルに使ったビル管理のデータも25年の詳細な記録がしっかり保管されている。それをＡＩに学習させ、ＢＩＭモデルを作りデータマイニングするシステムは早稲田大学で行った。担当した若手研究者の能力は高く期待以上の成果が出た。また、ＢＩＭの活用による可視化の有効性も検証できた。

実際に取り組んでみて、５Ｇ時代の日本の活躍可能性が高いことを確信できた。関心のある方は第７回建築ＢＩＭ環境整備部会（21年2月12日開催）の資料を閲覧願いたい。

3-7

◆5G時代に期待される産業の飛躍的進化

2021年は東日本大震災から10年の節目の年に当たり、ハード面の復興は一定の区切りとされた。しかし、震度6強クラスの地震が度々発生し、気候災害も多発するなど、国土強靭化は国の重要課題になっている。

国土強靭化の推進に向けて5G時代のデジタル革命は強力なエンジンになる。本項では情報技術の進歩によるインフラメンテ事業の進化について考えたい。

現在、作成が進められている第5次社会資本整備重点計画には、▽防災・減災が主流となる社会の実現▽持続可能なインフラメンテナンス▽持続可能で暮らしやすい社会の実現▽経済の好循環を支える基盤整備――の4つの重点目標のほか、新たに「インフラ分野のデジタル・トランスフォーメーション（DX）」「インフラ分野の脱炭素化・インフラ空間の多面的な利活用による生活の質の向上」の2点が加えられた。

インフラ分野へのデジタル情報技術の活用については、DXについて考えたい。

デジタル化というと、日本では技術屋の領域と考えがちだが、欧米ではコンピューターの業務活用は経営分野で、エンジニアはその指示に従っていかに目的にフィットしたシステムを開発するかが課題になる。

エンジニア比率の高い建設産業分野では、従来からPCソフトは社内の技術者が自分の業務ニーズや思考に合わせてつくることが多く、これが汎用性や発展性に欠ける部分最適型のシステムになり、大企業に専門職デジタルワーカー層が少ない要因になっている。そのことが近年では業務効率疎外の要因にさえなっている。

いま日本の企業に必要なのはデータマイニングに強い経営者層である。欧米では既にデータマイニングは経営者の必須能力になっている。それは人の思考回路とＰＣの思考回路が似ているためで、それを会得するために欧米のビジネスパーソンの間では禅やウェルネスの訓練をする人が増えている。

◆インフラメンテ事業の高度化サイクル

計画段階でのビッグデータ解析、維持管理の点検・診断にロボットやＡＩを使うこと、修繕などの対策でＩＣＴの導入を重視していることは、橋梁や治水施設の構造には共通点が多く、公共施設で標準化が進んでいるため、計画段階でビッグデータの解析結果が生かしやすいこともあるが、前項で述べたのは単体建物の社会実験事例であり、今後建築物の事例を増やしていけば同様にビッグデータ解析が利用しやすくなると考えられる。

事実、スマートセンサーを活用した建物の残余耐震性判定システムでは、全国の高層建物を一括して処理するシステムの開発が進行中である。

また、社会実験では管理を人手で行い省力化・効率化の検証をしているが、今後その管理がロボット化、自動化されれば、同じ方向に進んでいく。

修繕などについても同様の理由で、将来的にはＩＣＴの導入が進むだろうが、いまは実証実験の初年度であり、維持管理データのＡＩ化とその試行分析の段階で、人力に依存する部分が多かった。ただ、つながる5Gの時代には、土木・建築という日本独自の業務区分も解消されることが考えられ、インフラメンテナンス業務の効率化がさらに進むことが期待できる。

DXと脱炭素時代に向けた経営戦略の再構築を考える

3-8

◆デジタル関連法成立で準備整う

2021年春の国会でデジタル関連法が成立した。この法案の中には第5次社会資本重点整備計画や不動産IDのルール創設などが含まれており、これで本格的なデジタルトランスフォーメーション（DX）時代の準備が整った。

建設産業は、現場で大型の構造物を生産・維持管理する産業のため、生産マネジメントの仕組みが複雑で、これまで他産業に比べて生産性向上の面で遅れていた。しかし、20年から産官連携による建設キャリアアップシステム（CCUS）の仕組みも整い、デジタル関連法案の整備によって、ビッグデータの活用が拡大し、その格差が解消される分野が広がった。このため、今後建設産業の生産性が急速に向上し、新たな事業分野の拡大や新規参入者の増加も期待される。

ここからは、産業構造の大きな転換点であるDX時代に向けた建設企業の経営戦略の再構築について考

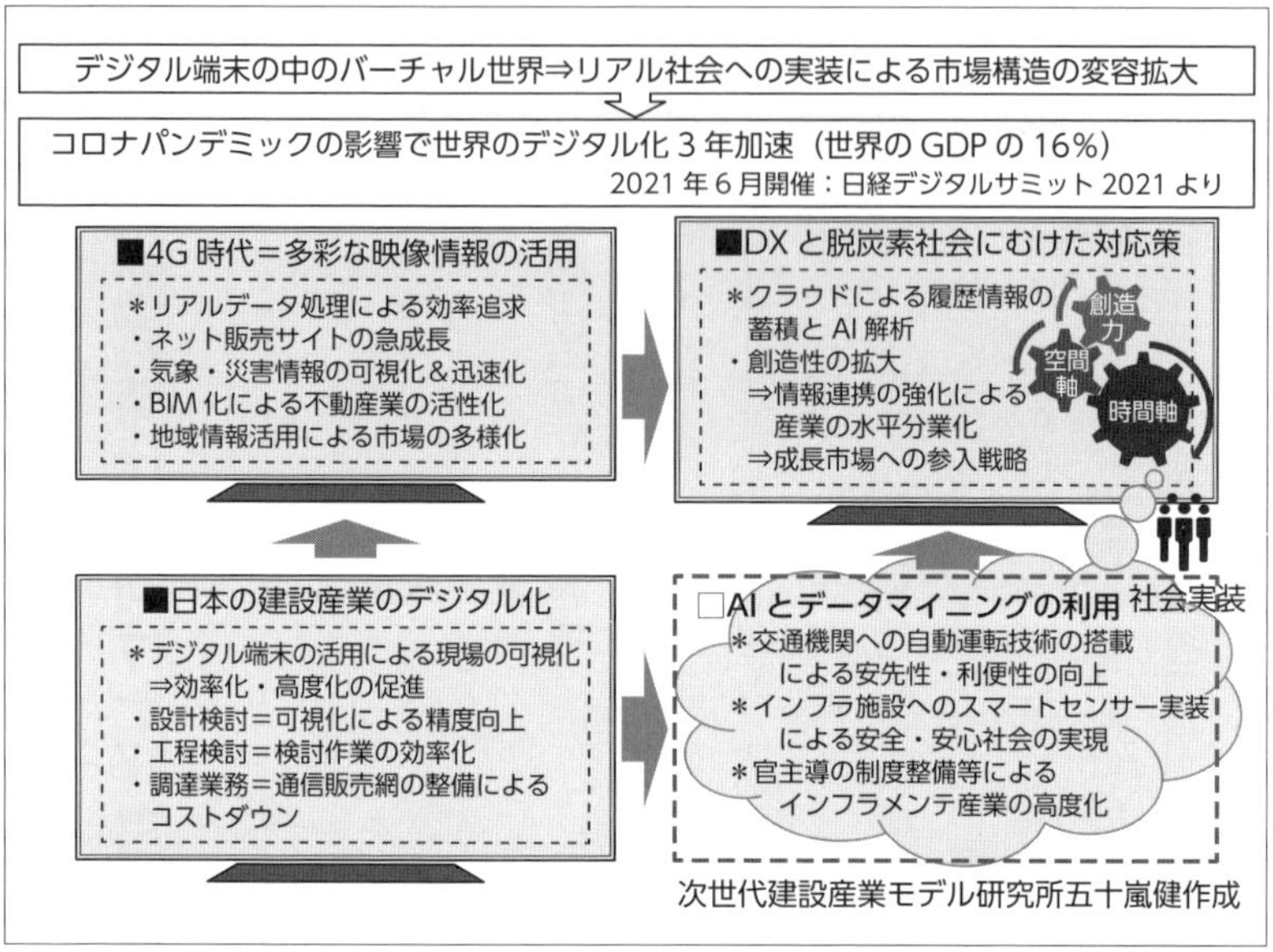
デジタル端末の中のバーチャル世界⇒リアル社会への実装による市場構造の変容拡大
コロナパンデミックの影響で世界のデジタル化３年加速（世界の GDP の 16%）
2021 年 6 月開催：日経デジタルサミット 2021 より
■4G 時代＝多彩な映像情報の活用
＊リアルデータ処理による効率追求
・ネット販売サイトの急成長
・気象・災害情報の可視化＆迅速化
・BIM 化による不動産業の活性化
・地域情報活用による市場の多様化
■DX と脱炭素社会にむけた対応策
＊クラウドによる履歴情報の蓄積と AI 解析
・創造性の拡大
⇒情報連携の強化による産業の水平分業化
⇒成長市場への参入戦略
創造力
空間軸
時間軸
■日本の建設産業のデジタル化
＊デジタル端末の活用による現場の可視化
⇒効率化・高度化の促進
・設計検討＝可視化による精度向上
・工程検討＝検討作業の効率化
・調達業務＝通信販売網の整備によるコストダウン
□AI とデータマイニングの利用
社会実装
＊交通機関への自動運転技術の搭載による安先性・利便性の向上
＊インフラ施設へのスマートセンサー実装による安全・安心社会の実現
＊官主導の制度整備等によるインフラメンテ産業の高度化
次世代建設産業モデル研究所五十嵐健作成

図 15　DX と脱炭素社会にむけた建設産業の新たな発展に向けて

えていきたい。ＤＸ時代の到来については、経済専門各誌で取り上げているように、自動車産業や電機メーカー社はＫ字回復で明暗が分かれており、現在その対応に追われている。

20年の夏から大胆な機構改革を進めてきソニーは、ゲームソフトの開発や金融・エンターテインメント事業など、大賀会長時代に手掛けた成長分野への進出が成功し、現在もその勢いはとまらない。自動車産業の雄であるトヨタは、ＤＸ時代に向け社会交通システムの実験都市構想を打ち上げ、その準備に余念がない。

一方、社運をかけて航空機産業に進出した三菱重工業は米国の型式認定のため苦戦している。電器産業の雄であるパナソニックは、得意の素早い商品開発力で善戦はしているものの、次代への成長力不足を乗り越えるために目下大胆なリストラに取り組んでいる。

こうした各社の状況は、建設産業の経営戦略の再構築にとっても参考になるところが多い。

◆ニーズと事業構造の大転換に備える

当時の骨太の方針では、グリーン産業と国土強靭化が経済政策の柱に挙げられ、その政策の一翼を担う建設産業には相応の予算や支援策が考えられ、市場規模の面では一定の増加が見込まれていたが、それ自体に産業の活性化をけん引する力はなかった。

一方、DX化の進行に伴い、設計と建設の本業分野で今後利益低下と新規参入による競争激化が進むことは、流通・不動産分野の例を見れば明らかである。

このため、今後の事業戦略を考えるポイントになるのは、クラウドとAIの活用による事業創造性の向上に伴う成長分野への参入計画立案と、DX化の進行で生じる情報連携の強化による産業の水平分業化に対する戦略である。

1点目の参入計画については、DX化が先行的に進む金融業や製造業の例でみるように従来からの資本やサプライチェーンの関係性が弱まり、代わりに情報連携が企業の成長力強化の鍵になる。

まずはこの2点に関し、いまの戦略で対応が十分かをチェックしてみる必要があるだろう。

3-9

◆コロナ禍で世界のデジタル化が3年加速

２０２１年６月に「日経デジタルサミット２０２１」が開かれた。時節柄リモートでの開催となり、在宅で仕事をしながら拝聴できたのがうれしい。世界各地からＩＴ企業のトップが参加し、家に居ながら最新の世界状況が分かる。

その中でコロナ禍のためにデジタル化の進行スピードが３年ほど加速したとプレゼンターが異口同音に言っていた。投資額は世界のＧＤＰ（国内総生産）の16％に当たる16兆ドルだという。市場が横ばいで推移している建設産業にはピンとこないが、何とも景気のいい話しだ。

ただ、一言にデジタル投資といってもその裾野は広い。すぐ思い浮かぶプログラム開発やデバイス購入から半導体の増産、さらには地域のインフラ投資まである。その中で自社の人材とノウハウ、サプライチェーンを考えながら、いかに事業領域を拡大していくかが企業成長の決め手になる。

◆問題は組織内でのマインド・チェンジ

５Ｇ時代に向けたスピードが３年加速したと書いたが、４Ｇのデジタル対応が周回遅れと言われている建設産業にとっては厳しい現実だ。ただ、日本のデジタル技術力が遅れているわけではなく、問題は組織内でのデジタル活用のマインド・チェンジにある。その決め手になる人材が、デジタルサミットでも多く

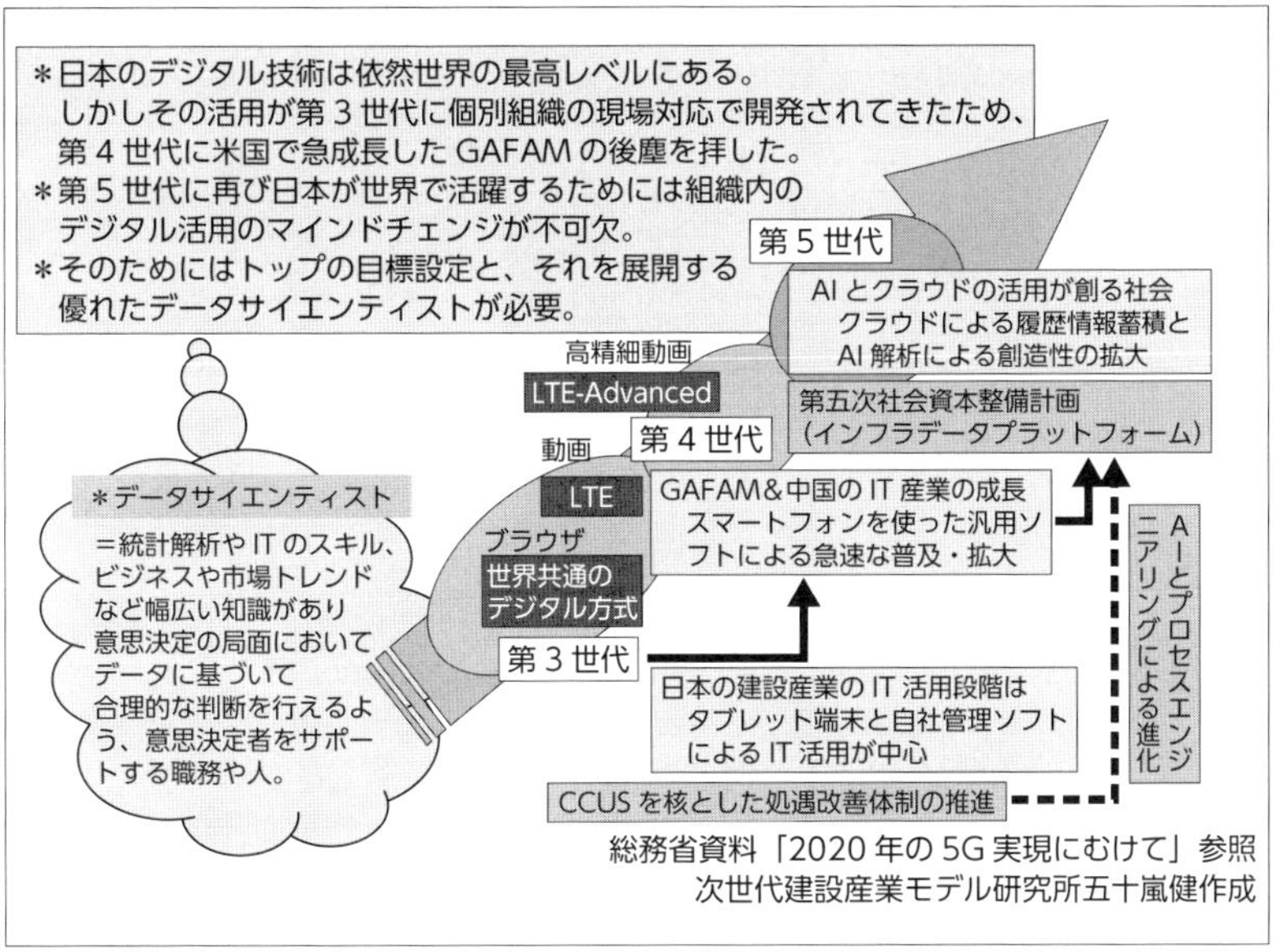

総務省資料「2020年の5G実現にむけて」参照
次世代建設産業モデル研究所五十嵐健作成

図16　新たな成長は第５世代へのマインドチェンジで可能に

話題に上がった、優れたデータ・サイエンティストの確保と活用の問題である。

データ・サイエンティストは、組織のさまざまな意思決定の局面で、データに基づいて合理的に判断できるように意思決定者をサポートする職務、またはそれを行う人のことで、日本ではまだあまりなじみがない職能だ。

これまで組織内の暗黙知の共有と帰属意識の高さが日本型組織の強みだと言われたが、つながるＩｏＴの時代にはそれが逆に障害になる。それは産業組織に共通する課題で、データ・サイエンティストの役割はこの障害を解消することにある。

データ・サイエンティストは統計解析やＩＴのスキルにたけ、さらにビジネスや市場トレンドなどにも幅広い知見を持つ人材であり、個別の企業としては自社の事業戦略を決定する分野でその能力を持った人を確保する必要がある。

建設産業には多くのＩＴエンジニアが存在する

ものの、市場のニーズと自社の現状を把握し、データに基づいて合理的に判断できるように意思決定者をサポートするマーケットイン型の人材が少ない。デジタル化が進展していない日本では、そもそもそうした人材が少ないこともあるが、それよりデジタル技術を生かしきれていない組織の方に問題がある。

このためデータ・サイエンティスト確保と企業内での活用が、多くの企業にとって最優先課題になる。欧米はこの1世紀半の近代化の過程で社会を血の海に巻き込みながら、デジタル社会への転換を成し遂げてきた。20年秋のアメリカ大統領選や欧州各国の新型コロナウイルス対応にはその成果が表れている。日本の企業でもトヨタやソニー、ソフトバンクなど先進的な組織文化を身に着けた企業は、既に5G社会に向けて大きく動き出している。ソニーを例に考えてみると、第3の創業者と言われる大賀典雄氏が企業変革時のデータ・サイエンティストに当たるだろう。

彼は優れた声楽家で若い時から世界で活躍したが、学生時代からソニーのテープレコーダーのアドバイザーとして人格的才能を見いだされ、盛田・井深の両創業者のもとで経営者として薫陶を受け、同社が創業期の技術オリエンテッド企業から脱皮する時に、市場目線で事業の芽を育てた。

それがエンターテインメントや金融事業で現在の同社の成長エンジンになっている。これはアナログ型社会におけるデジタル人材育成の1つの成功事例だが、そのほかにもさまざまな方法があるはずだ。

3-10

◆マーケットイン指向で事業の拡大考える

２０２1年6月23日付の建設通信新聞に「ゼネコンＲＯＥ（自己資本利益率）10％割り込む」という記事が載っていた。自己資本比率が増えているので経営数字としては悪くはないが、受注が低下傾向にあるのが問題だ。

建設事業の市場は長期的には横ばいだが、コロナ禍で民間を中心にプロジェクトが先送りになり、インフレ経済の予兆と思われる資機材の値上げもあり、予断を許さない。

このような時代の経営戦略は先手必勝で、他社に先駆けて自社の強みを発揮して事業分野を拡大するＲＯＥ経営を取る必要がある。

そこで新たな成長市場を確保できないと、銀行や量販店、家電メーカーのように急速に衰退化に向かうことになるからだ。事実、自社の強みを持つ大手・準大手クラスはその戦略を展開している。

紙面にあった「ＲＯＥと自己資本比率の年別のグラフ」をみると、ストック活用とデジタル化の進行で市場とサプライチェーンが変化している中で、状況に対応した経営戦略が描けない現状が浮かび上がる。

特に全方位でプロジェクト対応を考えている中堅や地域建設会社の中には、この状況をどう考えてよいか分からない企業も多いのではないか。

前項で成功事例に挙げたソニーは、１９８０年代に電気メーカーが拡大期を終えたことを見極めて、経済成熟期の拡大事業である金融やエンターテイメント事業への進出を図った。その過程では本業部門の経営に多少の混乱はあったが、他の大手電機産業が急速に衰退化に向かう中で、グループの事業はいまも拡大化の方向にある。

世界の製造業の雄であるトヨタは、21年初頭にウーブン・シティー構想を打ち上げた。これはソニーの流れを参考にした「製造業からIT産業へ」マインドチェンジを目指した先行プロプロジェクトと考えることができる。建設産業でもいま望まれる戦略事業は、誰にでも分かりやすいデジタル時代に向けた先行プロプロジェクトの打ち上げだろう。

◆自社のビジネスモデル構築がカギ

ただ、中堅や地域建設産業では、誰でもわかりインパクトのある事業を打ち上げることは難しい。そうした企業では、国が推進する国土強靭化やインフラメンテの分野で、自社が優位性を発揮できるビジネスモデルを5G時代の到来を見据えて考えることになる。

そのヒントになる図として、図3「プラットフォームビジネスの基本構成とビジネスパターン」（30ページ）、図9「激変の時代に新たな成長を目指す事業戦略の検討手段」（58ページ）、図12「つながる5G時代に向けた事業戦略の発想と展開手法」（69ページ）を挙げたい。

この3つの図を参考に、社内で10数名の検討チームを編成し、ファシリティーリーダーの下で期間を限定して行うことをお勧めする。

社内の人材だけでは心もとないという声をよく聞くが、私の経験から考えて、その方が良い結果が得ら

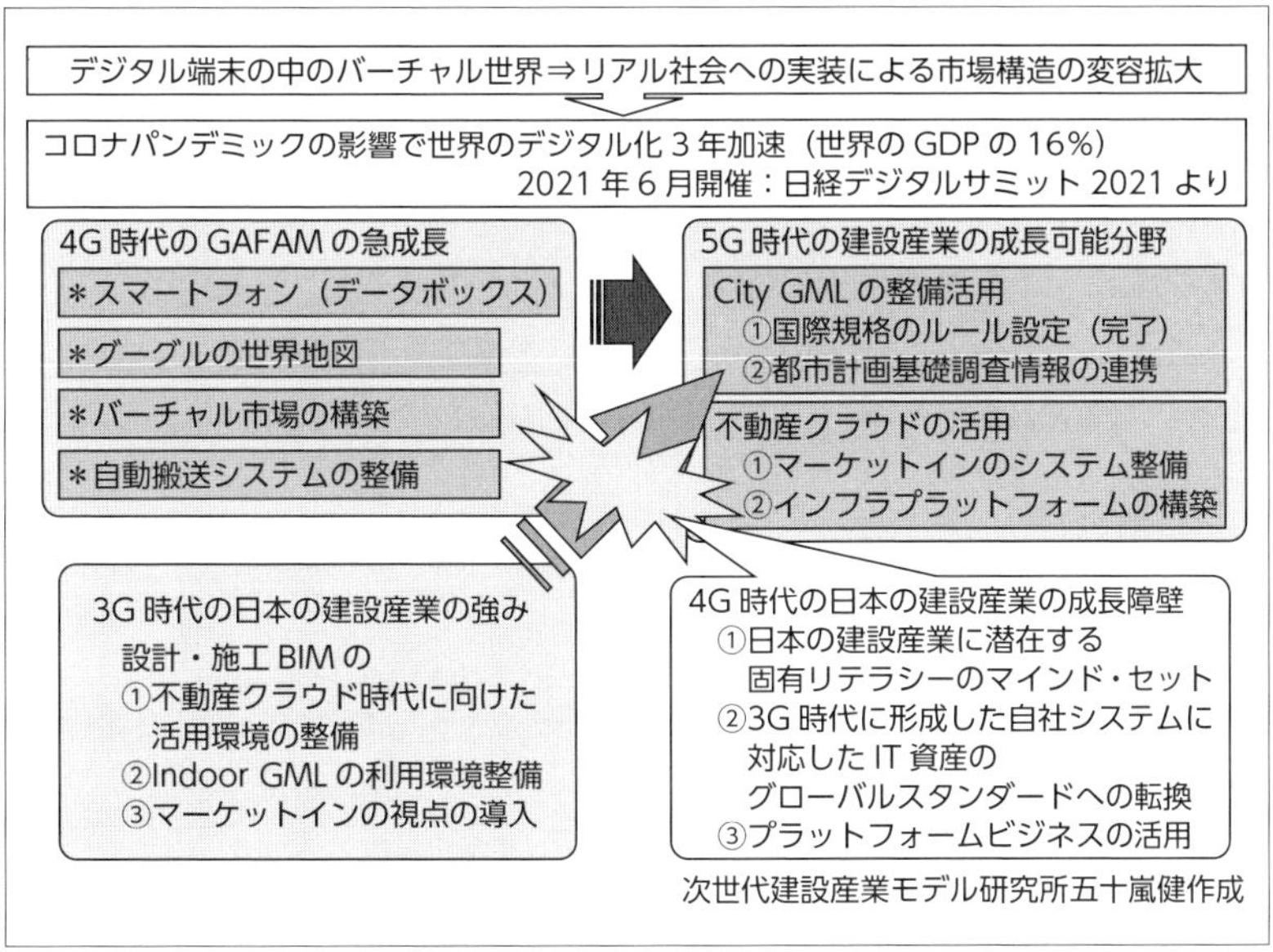

図 17　DX と脱炭素社会に向けた建設産業の新たな発展に向けて

れることが多い。また、社員10名以上の会社ならファシリテーター役の社員は必ずいるし、それを育てるのも先行プロジェクトの推進に役立つからだ。

その時にトップの役割として重要なことは、会議の間は必ず出席するが黙って聞き役に回ることだ。それによって気付かなかった自社の評価や若手人材の発掘ができる。後で社長にそっと感想を聞くと、「会議の時に発言しないことは苦痛だったが、その代わり多くの発見があった」という応えが返ってくる。

社外の専門家にはその結果を持って相談に行くことだ。検討結果を実行に移す上で有効なアドバイスがより多く得られるだろう。

3-11

◆不動産事業者もデジタル活用に関心

2021年7月2日に早稲田大学で「BIMシンポジウム」を開いた。時節柄リモート併用となったが、会場に100人を迎え、リモート参加も300人を超えた。運営する先生方は、コロナ禍でリモート併用の対面授業をしてきたため機器の操作も手慣れており、両者の長所が発揮されて会議の成果はこちらの期待以上のものになった。

特に後半1時間半以上にわたって行われた質疑応答とディスカッションは、大学院のゼミのように密度の濃いものになった。現在、日本でも官民一体でBIM／CIMの整備が進んでいるが、それを維持管理に活用するとどういう効果と課題があるのかを、オーナーズBIM研究会の研究成果をもとにBIM関係者に訪ねたものだ。

土木構造物は交通や治水事業のためにつくられた施設を、どのように効果的に維持管理し、利用するかの視点でデジタル活用が進められてきた。一方、民間の所有が多い建築施設のデジタル化は、これまで設計や工事など主につくる側の技術者の視点でBIM制作や利活用の検討が進められてきた。

◆インフラメンテナンス業務効率化の好機

ストック利活用時代を迎え、既存施設の長期使用や効率的利用、そのための維持管理のあり方にも所有者の関心が集まっている。建設産業の市場は長期的には横ばいだが、近年はミニバブルといわれ金融緩和による不動産事業の活性化もあり、不動産管理運用に関する事業者の関心は高い。

そのため、シンポジウムでは、企画から建設段階でつくられたデジタルデータを5Gの大容量情報通信時代に不動産事業に活用することの効果や課題について討議を集中させた。参会者の多くは建築事務所、建設会社、不動産管理会社の技術者と経営者でお互いに顔見知りも多く、忌憚《きたん》のない熱心な議論が交わされた。

特に主催者から「ことしは都市のデジタル化元年だ」という提起があり、国土交通省の「PLATEAU」[注8]を中心にした都市や不動産のデジタル情報の一元的活用を中心に意見交換した。都市データの活用は河川氾濫や斜面崩落地の予測、防止にも役立ち、スマートセンサーなど今後普及・活用が期待される土木分野のインフラメンテナンス事業にも関連性が高い分野である。

しかも、その業務サイクルの中では▽計画段階でのビッグデータ活用▽日常管理におけるロボットとAIの活用▽修繕・機能更新活動におけるICTの活用――など、各分野で省力化・高性能化が高く期待できる業務分野でもある。

この討議で、大容量情報通信技術の進化が期待される5G時代にふさわしい技術整備分野で、日本でも施設のつくり手とその利活用者が効果的に情報を連携していけば、その整備効果が高いことが分かった。

以前、4G時代の日本は、欧米やアジアの先進企業に対しでデジタル活用の状況が周回遅れの状態にあると書いたが、今後は産官学の連携のもとにこの業務サイクルが形成されていけば、日本が再びデジタル社会のトップランナーに躍り出ることも夢ではないと考えている。

古くから自然災害の多い日本のインフラメンテナンス技術は世界最高水準にあり、それに必要なデータとそれを活用する技術力も整っている。問題はそれを生かし、効果的に活用する組織や人間の方にある。コロナ禍を機に学校で1人1台のPC端末支給も進んでおり、今後は社会のデジタル対応力も飛躍的に高まるだろう。

注8…国土交通省が主導する3D都市モデル整備・活用・オープンデータ化プロジェクト。都市活動のプラットフォームデータとして3D都市モデルを整備し、様々な領域でユースケースを開発している。誰もが自由に都市のデータを引き出せるようにすることで、オープン・イノベーションの創出を目指している。

3-12

◆デジタル企業への変革プロセスのカギ

２０２０年末に経済産業省が「ＤＸの加速に向けた企業のアクションと政策」の中間とりまとめを発表した。既にご存じの方も多いと思うが、特にレガシー企業文化からの脱却が最大の課題である建設産業にとっては好資料である。

３Ｇ（第３世代移動通信システム）時代の建設産業は、他産業や海外に比べデジタル化の先頭を走っていた。しかし、４Ｇ時代には周回遅れになってしまった。同ＤＸレポート2のサマリー「ＤＸ加速シナリオ」の図では、その遅れを取り戻し、なおかつ再び先頭集団に入るためのポイントを分かりやすく説明している。本項ではこの図（図18）を参照しながら建設企業の対応策を考えてみたい。

この図には「ＤＸの認知・理解」と「製品・サービス活用による事業継承・ＤＸのファーストステップ」を直ちに取り組む行動として挙げている。これについては既に3Ｇ世代よりＢＩＭ／ＣＩＭの推進やドローンによる3次元計測、建設キャリアアップシステムによる職人管理、自社タブレット端末による現場管理などを行っており、産業全体としてはＤＸ途上企業の段階にあるだろう。

次のステップはデジタル企業への変革プロセスになる。ここではレガシー企業文化からの脱却が必要になるが、近世以降の長い歴史の中で発展してきた建設産業にとって、その脱却は容易ではない。まさに４Ｇ時代に欧米や中国から周回遅れになった要因がそこに集約されている。

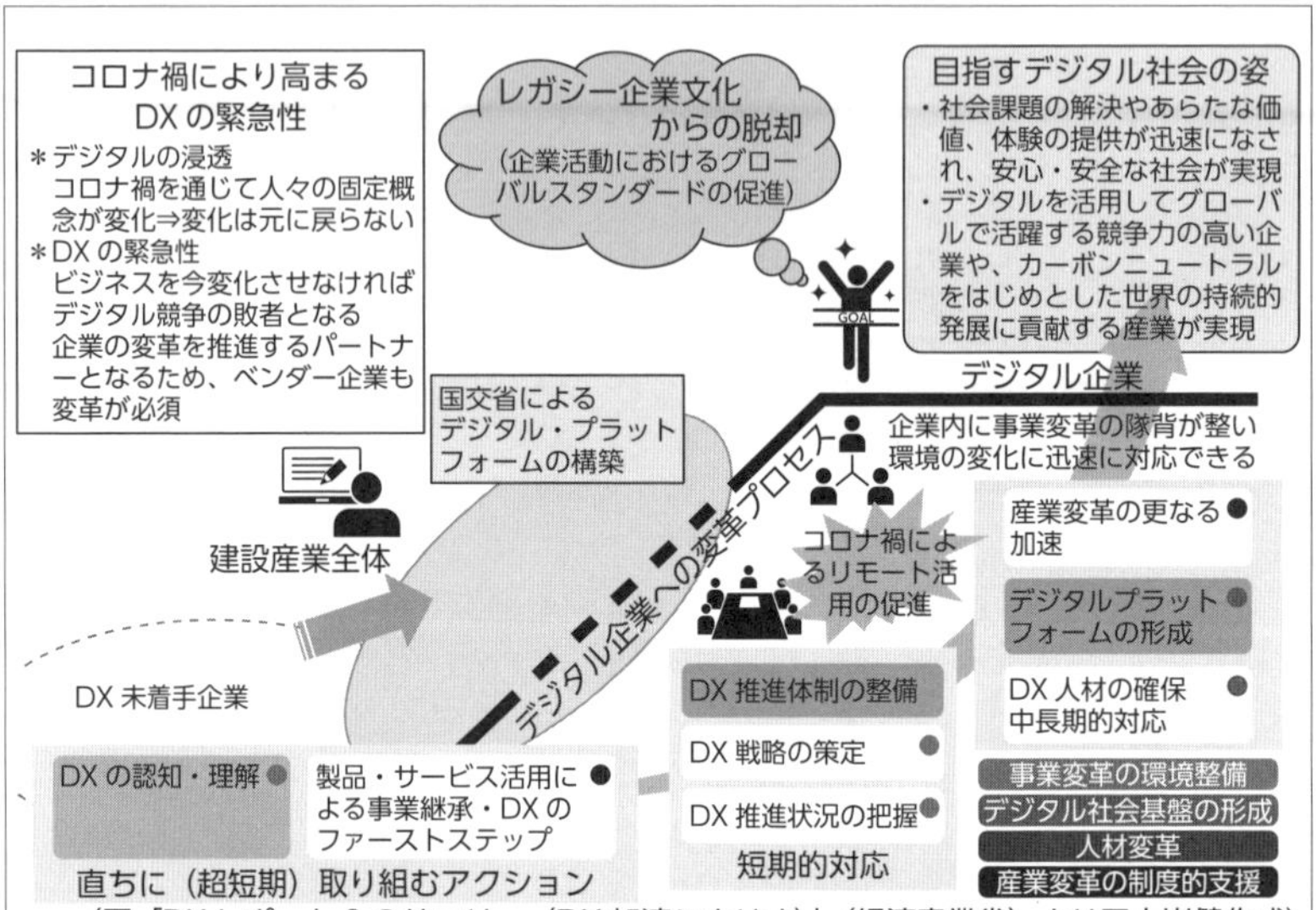

（図「DXレポート2のサマリー（DX加速シナリオ）」（経済産業省）より五十嵐健作成）

図18　デジタル企業を目指す建設産業のDX加速シナリオ

その短期対応策には「DX推進体制の整備」「DX戦略の策定」「DX推進状況の把握」の3つが挙げられているが、これについては多くの上場企業が、これまでの「BIM／CIM推進」の中で組織的対応を行ってきた。次の中長期的対応をみると、「産業変革のさらなる加速」「デジタルプラットフォームの形成」「DX人材の確保」が挙げられている。

その中で産業変革の加速についてはBIM／CIM推進会議、i-Construction、[注9] CityGMLなど、これまでの政策推進によって確実に国際化・標準化の成果が上がっている。さらにこれらのプラットフォームを拡充していくことで、世界の主要プロバイダーも対応するシステム整備が進み、遠からずグーグルの地図情報のように世界標準の1つになると考えている。

むしろ問題は、これまでデジタル対応を先行して進めてきた国内大手建設会社の社内システムや保有データをデジタルプラットフォームにのせることにある。これからの5G時代にAIやクラウドを活用していくためにこれは不可欠の条件で、大手建設産業各社にとってはこれが最大の関門になるだろう。

注9…3D都市モデルを定義するためのデータフォーマットで、建築物をはじめ、道路や地形、橋梁、トンネル、土地利用、植生、水域などといった都市を構成するあらゆる要素を3Dモデル化できる。従来はコンピューターグラフィックスのデータ形式が用いられていたが、CityGMLの登場により複雑な地理情報の表現や地理座標系での表示が可能となった。PLATEAUの標準データ形式として採用されている。

◆レガシー企業文化からの脱却を目指す

もう一方の課題はDX人材の確保であるが、これも特に企業のデジタル化のかぎを握る優れたデータサイエンティストの確保と同様に、社内の混乱を克服してレガシー企業文化からの脱却を推進する企業トップの存在が重要になる。さらに、そうした課題を踏まえた上での「ステークホルダーを含めた合意形成」と「DX推進体制」「DX戦略」の再検討が必要になる。

近年の米大リーグでの大谷翔平選手や他の競技でも世界大会での日本選手の活躍で分かるように、進む少子高齢化の中でスポーツ界は黄金時代を迎えている。そうした若手の活躍はスポーツに限らず芸術や創作活動にも及んでいる。

バブル期以降に生まれたこの世代を総称してゆとり世代と呼ぶが、その活躍の転機は、従来のアナログ型の育成法を捨て、世界標準の早期に個人の才能を発見し個性に応じた自主性尊重の育成法をとったことにあり、その成否は優れたコーチの存在にある。その意味では建設産業が、レガシー企業文化から脱却するヒントになるかもしれない。

3-13

◆大手は成長市場への参入戦略を

ここまでＤＸ時代に向けた建設産業の事業戦略の再構築について考えてきたが、２０２１年９月からはデジタル庁の活動が始まった。

幸い建設産業は国土強靭化やデジタル関連投資などがあり、コロナ禍にもかかわらず市場の大きな落ち込みはなかった。これまで行ってきた仕事の流れも急激に変わる様子も見られない。

ただ、中長期的な視点で考えると、デジタル化の進行により都市や地域情報の利活用、インフラメンテナンス事業の効率化が進むと考えられ、事業の再発展を考える上からは大きなチャンスの到来だとみることができる。しかし、インフラメンテの事業は既存施設の維持管理に付随して発生するものなので事業規模は限定される。

そう考えると、建設事業の量的拡大は依然横ばいで、その中で事業のやり方によってシェアが変わる競争であることに変わりはない。

ただ、世界的視点でここ数十年の建設産業の成長企業をみると、ＢＯＵＹＧＵＥＳやＶＩＮＣＩ（ともに仏）のようにＰＦＩ[注10]やコンセッション[注11]事業など資金力やソフト力を脱請負型事業に展開している企業も多い。さらにそうした企業の中でＭ＆Ａ（企業の合併・買収）を繰り返すという激しいシェア争いが展開されている。

日本でも既に成長期を終えた製造業や販売業の多くがそうした段階に入っている。その中でソニーのようにゲームソフト分野に進出して成長をしている企業がある一方、パナソニックは美容家電などの分野で優れた商品開発を続けているにもかかわらず成長の限界を迎え、社内体制のスリム化に手をつけざるを得ない状況にある。しかし、中小の家電メーカーの中にはコロナ禍で新たな生活の変化に目を向け、成長分野の事業モデルをつくり上げている企業も多い。

注10…ＰＦＩ（Private Finance Initiative）とは、公共サービスの提供に際して公共施設が必要な場合に、従来のように公共が直接施設を整備せず、民間資金を利用して民間に施設整備と公共サービスの提供を委ねる手法である。
特定施設の建設、運営、維持管理、またはその一部に資金を提供し、実施にあたる会社に一定期間委ね、施設運営の効率化と住民サービスの向上を図る事業手法である。
狭義には、従来の「民間資金等の活用による公共施設等の整備等の促進に関する法律」（ＰＦＩ法）による事業手法を呼ぶが、広義にはＰＰＰやコンセッション事業など２０１１年のＰＦＩ法の改正で可能となった、民間資金主導による公共施設の管理運営事業を指す。

注11…公共施設等運営事業。利用料金の徴収を行う公共施設について、施設の所有権を公共主体が有したまま、施設の運営権を民間事業者に設定する方式。

◆人材の活用強化が発展の決め手に

同じことが建設産業にも言えるだろう。海洋土木や住宅事業に優れた競争力を持つ企業では、その分野

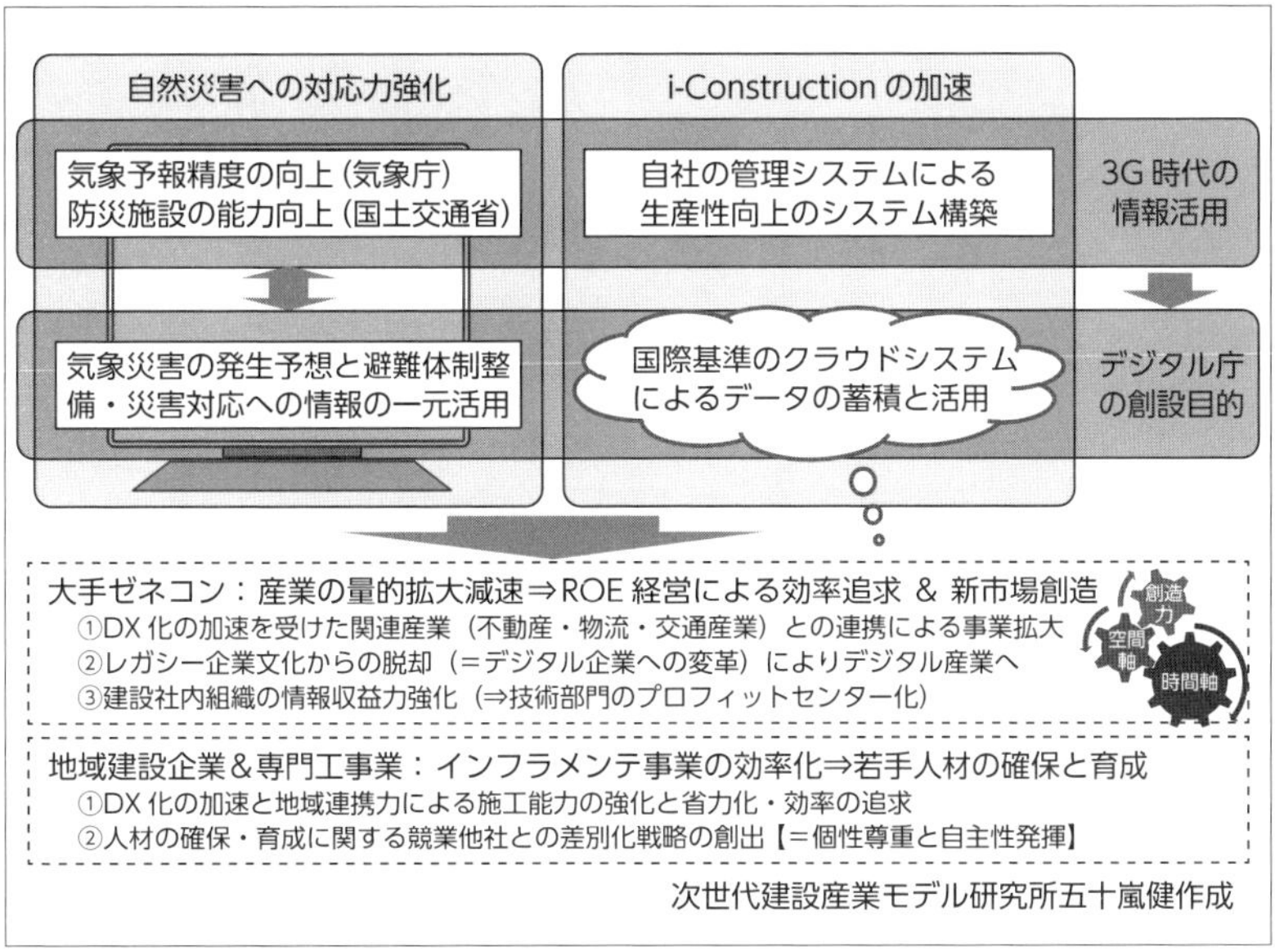

自然災害への対応力強化
i-Constructionの加速
気象予報精度の向上（気象庁）
防災施設の能力向上（国土交通省）
自社の管理システムによる
生産性向上のシステム構築
3G時代の
情報活用
気象災害の発生予想と避難体制整
備・災害対応への情報の一元活用
国際基準のクラウドシステム
によるデータの蓄積と活用
デジタル庁
の創設目的
大手ゼネコン：産業の量的拡大減速⇒ROE経営による効率追求 ＆ 新市場創造
①DX化の加速を受けた関連産業（不動産・物流・交通産業）との連携による事業拡大
②レガシー企業文化からの脱却（＝デジタル企業への変革）によりデジタル産業へ
③建設社内組織の情報収益力強化（⇒技術部門のプロフィットセンター化）
創造力
空間軸
時間軸
地域建設企業＆専門工事業：インフラメンテ事業の効率化⇒若手人材の確保と育成
①DX化の加速と地域連携力による施工能力の強化と省力化・効率の追求
②人材の確保・育成に関する競業他社との差別化戦略の創出【＝個性尊重と自主性発揮】
次世代建設産業モデル研究所五十嵐健作成

図19　デジタル庁創設＝周回遅れの建設分野のデジタル産業化実現
（5G時代のIT技術対応＝国主導による全体最適処理＋企業による民間人材の強化）

を核に独自の競争戦略を展開する一方で、これまで国内市場を強力なサプライチェーンの力で支配してきた超大手各社は、新たな目標市場が定まらない中で苦戦を強いられている。それが自己資本比率は上がっているがROE（自己資本利益率）は急速に低下するという最近の決算数値に表れており、結果21年の大手ゼネコンの平均は10％を切っている。

これが進行すると、やがて電機産業や銀行、量販店のように衰退化の道を進む危険性がある。それを避けるためには、デジタル化の進行に合わせた新たな事業創出や温暖化問題解決のための技術開発を推進する必要があるだろう。幸い建設産業はこれまでも人の暮らしに関連するさまざまな課題の解決に取り組んできた。そして商社とは異なり、社内でそのための人材を育成してきた。この人材をいかに鍛え直し、新たなビジネスモデル構築に向けて結集していくかが発展の決め手になるだろう。また、地域建設業や専門工事業では、優れた若手人材の確保育成も並行して進める必要がある。

ただ、建設産業はこれまで工事現場をプロフィットセンターにした事業体制を進めてきた。これからの情報力優位の時代には、これまでスタッフの役割であった技術部をもプロフィットセンターに変える必要がある。そのための社内体制改革がまさに前回述べたレガシー企業文化からの脱却である。社内の根強い抵抗を排してこれを実現した企業が、デジタル企業としての新たな発展を手にすることになるだろう。

第 4 章

DX時代の営業戦略を考える

4-1

◆長引くコロナ禍でデフレ経済の足音が

2021年9月からいよいよデジタル庁の活動が始まったが、政局の混乱を前にその姿が不透明になってきた。国土交通省のDX（デジタルトランスフォーメーション）や脱炭素化など成長分野の次年度概算要求は1．6兆円で、これが同年春の国会で成立したデジタル関連法案の財源になった。

しかし企業は、現下のコロナ再拡大に備えた追加の対応とコロナ後に来るインフレ経済があり、事業運営で難しい対応を迫られる中、同年11月の新政権発足まで検討を先延ばしするわけにはいかなかった。

本章ではDX時代の建設産業の事業展開について考えていきたい。建設産業の特長として自社に優秀な技術系社員が多くいることを既に書いたが、これからの情報力優位の時代にはスタッフの役割であった技術部門をプロフィットセンターに変える必要がある。

ご存知の方もいると思うが、私は現役時代、地盤改良とPC工事を得意とする建設会社にいた。その創

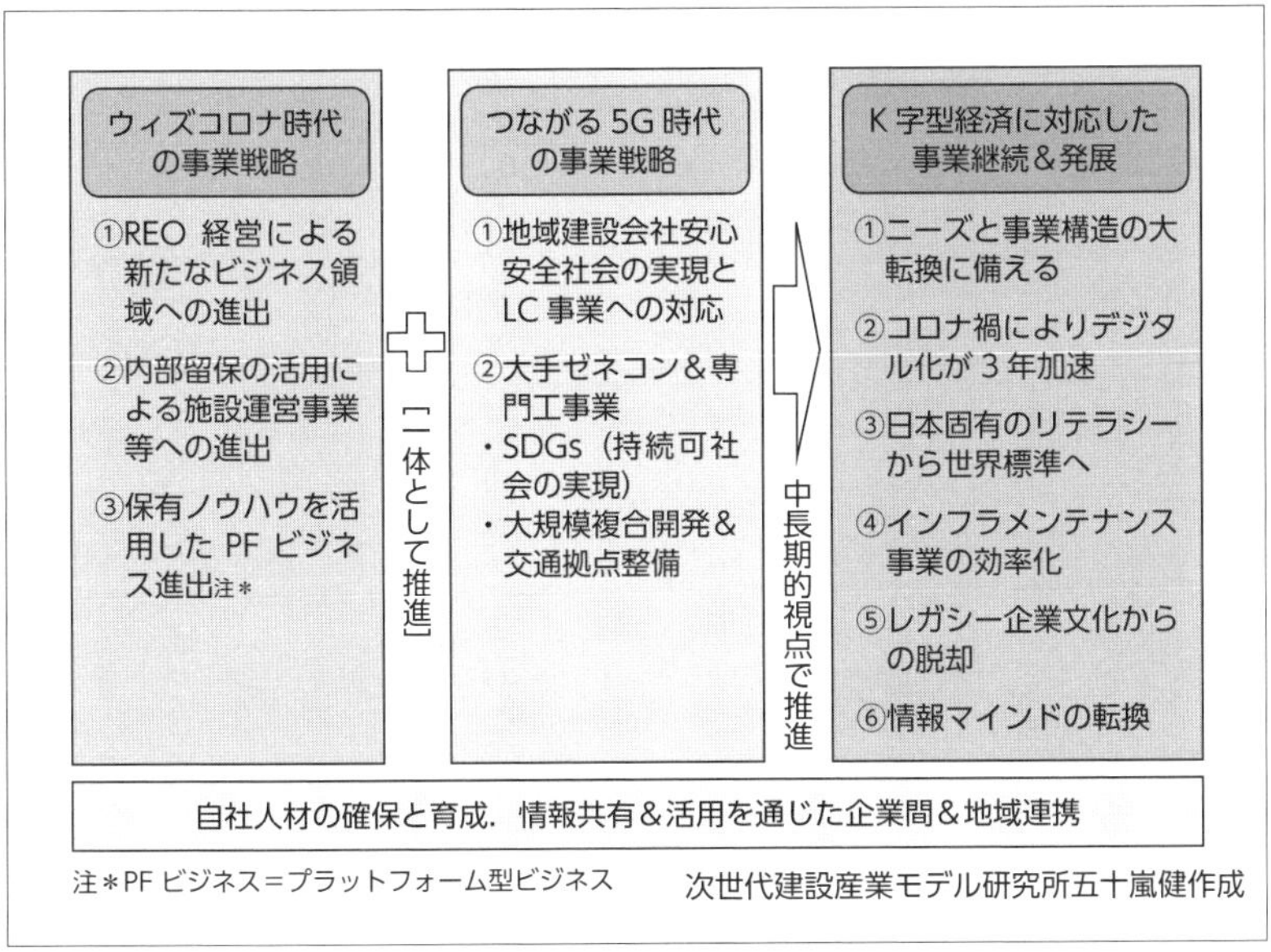

注＊PF ビジネス＝プラットフォーム型ビジネス
次世代建設産業モデル研究所五十嵐健作成

図 20　ウィズコロナと DX 時代の事業戦略と分野＆発展戦略

業者は大手鉄鋼メーカーの出身者で、会社は自動化と技術開発を軸にした成長を目指していた。しかし建設産業は元下の関係性が強く、その中でいかに専門工事業から脱却し、元請工事のシェアを広げるかが経営の重要課題だった。

　そのため技術部門は、工事現場を研究所代わりに試行錯誤を繰り返し、発注者ニーズに対応できる施工法を実現するために走り回っていた。技術部隊にはプロフィットセンターとしての目標があったが、裁量性も認められていたため、40歳を過ぎてから全国各地の発注責任者に直接会って相談に乗り、そのニーズを探ることに努めた。

　発注者の悩みや心配の多くは技術課題とは別のところに解決法があり、それが新たな技術開発につながることが多かった。例えば関西空港は地下数百mまで支持地盤がないが、立地的にはこの場所しか適地がない。メキシコ地震の現地調査で考えた結論が、沈下荷重を低減するために構造物の自重をゼロに近づける工夫だった。

沼地の上に高層ビルをつくってきたメキシコシティーにはその事例が多くあり、その結果、開発したのがバランスファンデーション工法だった。そうした技術提案の手法を体系的にまとめて商品化した。工法と呼ばず商品化と呼んだのは、施工場所やニーズごとに多様な応用が利くようシステム商品にするためで、いま考えると情報技術のアーキテクチャーの概念に近い。そのおかげで現在のＩＴ時代の経営戦略の検討にも抵抗感がない。

◆主力の寿命が来ても成長する力とは

もう1つエンジニアリング・メーカー的な企業環境で育ったメリットは、プロマネを現場所長の上に置くことだ。その方が欧米流のプロジェクト・マネジメントになじむ。おかげでその後、日本に普及したコンペやＰＦＩプロジェクトにも入りやすかった。その結果、同社は、後発企業にもかかわらず中堅ゼネコンまで発展し、私も第2の人生を大学での研究生活に転身できた。

外から見ていると同じように見える企業文化も、その会社の成り立ちによって異なる。欧米では中堅社員のヘッドハンティングが当たり前だが、生え抜きの多い日本の企業はそこが弱点なのかもしれない。

私は30代後半から社外の異業種交流研鑽会に出席し、各社の企画担当者と出会った。その中で、自社の主力事業の商品寿命が終わっても成長している企業には、企業文化のアイデンティティーが確立されているという共通点があると感じている。富士フイルムやソニーはその代表例だ。

また以前、経営者のヘッドハンティングが多い米国で、移籍早々にコストカット経営を行い、一時的に

V字回復させた後に他社に移る「再建屋ジョーの悲劇」の話が出ていたが、ウィズコロナの日本でもバブル崩壊後に横行したリストラの再来がないことを願いたい。

4-2

◆つながる5Gで生産性向上

世間の関心の高まりを受けてか、最近テレビコマーシャルでもＩＴに関する内容が増えている。しかし、専門用語が多く、一般の人には分かりにくい部分も少なくない。本項では３Ｇ（第3世代移動通信システム）、４Ｇ、５Ｇと世代進化によって刻一刻と変わっていくＤＸの動向を、主に国土交通省関連の取り組みを中心に整理してみたい。

ただし、これは私の得た情報の範囲であり、今後の動きによっても大きく変わるが、ＤＸ時代の建設事業の戦略を考える上で参考にしていただきたい。

20世紀後半から情報通信に関する技術は飛躍的に伸び、最大通信速度はこの30年間に約10万倍になった。それに伴い、現場からの動画送信やその解析・活用の幅が広がり、建設産業でも活用が普及した。特に現在、官民協力の下に精力的に進められているのがＢＩＭ情報の統一で、これにより既存建物の維持・管理や更新を把握することができるようになる。

現在は４Ｇ世代で、移動通信携帯電話サービス（スマートフォン）による各種サービスの利活用事業が急速に拡大しているが、それにより「ＧＡＦＡＭ（グーグル、アマゾン、フェイスブック、アップル、マイクロソフト）」など特定企業のシステムがＩＴインフラのデファクトスタンダードになり、国家の力をしのぐ影響力を持つようになった。

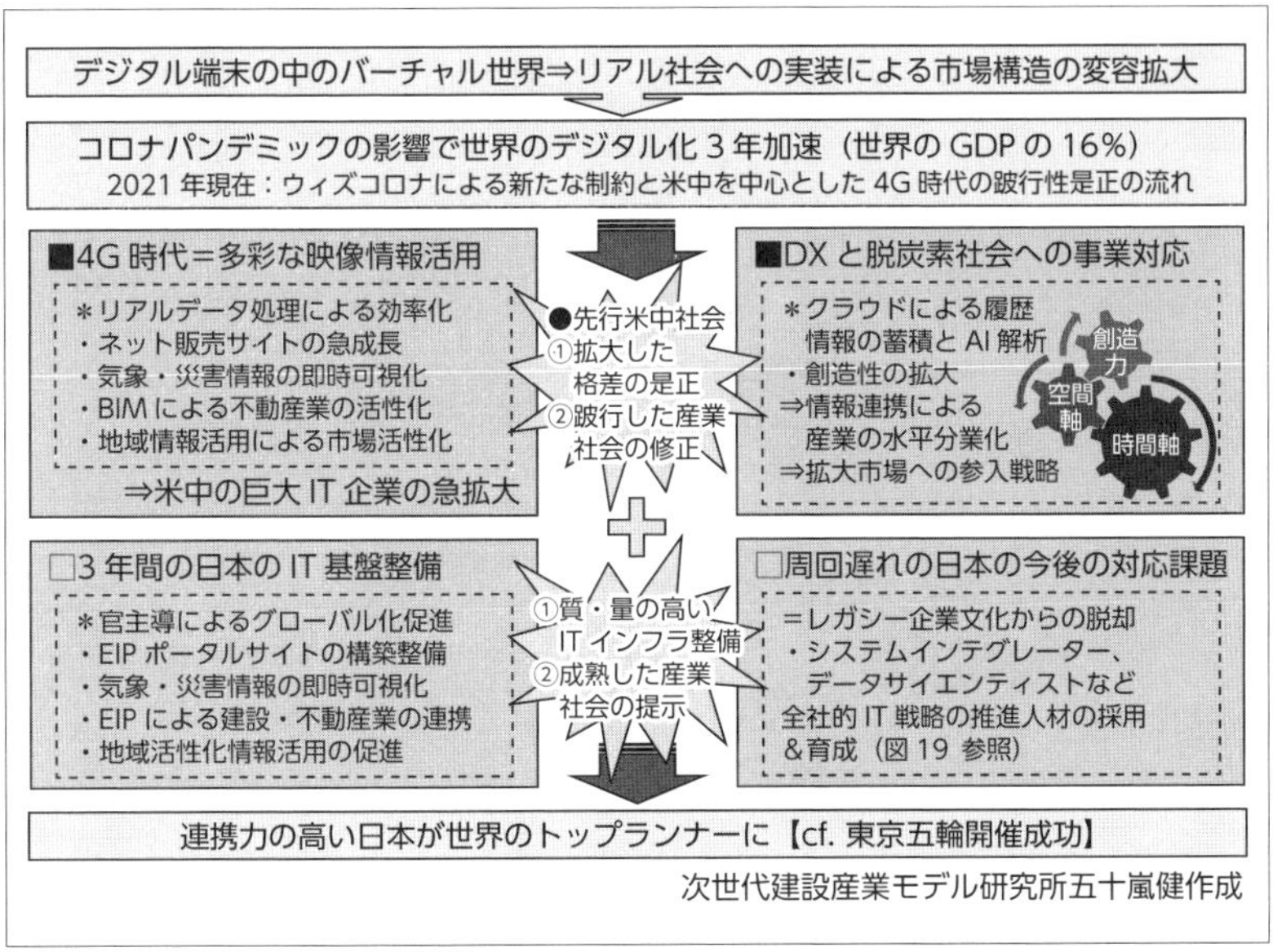
デジタル端末の中のバーチャル世界⇒リアル社会への実装による市場構造の変容拡大
コロナパンデミックの影響で世界のデジタル化３年加速（世界の GDP の 16％）
2021 年現在：ウィズコロナによる新たな制約と米中を中心とした 4G 時代の跛行性是正の流れ
■4G 時代＝多彩な映像情報活用
＊リアルデータ処理による効率化
・ネット販売サイトの急成長
・気象・災害情報の即時可視化
・BIM による不動産業の活性化
・地域情報活用による市場活性化
⇒米中の巨大 IT 企業の急拡大
●先行米中社会
①拡大した格差の是正
②跛行した産業社会の修正
■DX と脱炭素社会への事業対応
＊クラウドによる履歴情報の蓄積と AI 解析
・創造性の拡大
⇒情報連携による産業の水平分業化
⇒拡大市場への参入戦略
創造力
空間軸
時間軸
□3 年間の日本の IT 基盤整備
＊官主導によるグローバル化促進
・EIP ポータルサイトの構築整備
・気象・災害情報の即時可視化
・EIP による建設・不動産業の連携
・地域活性化情報活用の促進
①質・量の高い IT インフラ整備
②成熟した産業社会の提示
□周回遅れの日本の今後の対応課題
＝レガシー企業文化からの脱却
・システムインテグレーター、データサイエンティストなど全社的 IT 戦略の推進人材の採用＆育成（図 19 参照）
連携力の高い日本が世界のトップランナーに【cf. 東京五輪開催成功】
次世代建設産業モデル研究所五十嵐健作成

図 21　周回遅れ挽回のカギはつながる５G 時代に向けたマインドチェンジ

しかし、巨大IT企業は経済成長と需要を喚起する力はあるが、それによって生じる所得格差や弱者を救済する仕組みを持つのは国家だけで、コロナ禍が促した「国家の復権」により、米国や中国ではそれを制御しようとする動きが起きている。

幸い、4G時代に周回遅れの状態にあった日本は、所得格差や産業の跛行的進化の影響は少なく、3G時代に整備した全国の河川氾濫危険情報の活用範囲が一気に拡大し、住民避難や救助活用の面で役立っている。

◆時間軸と創造力が新たな活力生む

5G時代には、こうした情報連携が自動車分野、産業機械分野、ホームセキュリティー、スマートメーターなどの分野で進み、工事現場で行われていた精緻な管理が現場外にも及び、i-Constructionによる生産性が飛躍的に向上するだろう。

また、現在進められているＢＩＭライブラリーのポータルサイトができれば、生産から維持管理までの一貫したＢＩＭ活用が可能になり、建物や構造物の利用効率が上がる。それだけではない。質量ともに高水準の日本のポータルサイトは、グーグルマップのように、やがては世界の標準サイトになるかもしれない。事実、日本の気象予報は現在、世界３極の一角を占めている。

さらに５Ｇ時代には、ＡＩ（人工知能）とクラウドの活用によって「時間軸とクリエーティビティーの発揮」が私たちの生活に新たな活力を生む。既に受験生たちの能力向上に向けて、学習塾で過去問の解析にＡＩ活用が試行されている。また、私たちが応募したＢＩＭモデル事業では、ビルの維持管理業務の効率化を目指した実証研究を進めている。現在はまだ研究段階ではあるが、その実効性が確認できた。

さらに２０１９年から、建築・不動産の利活用を目指すオーナーズＢＩＭ研究会を立ち上げ、産学官の有志メンバーで活動しているが、都市再生機構（ＵＲ）や日本郵政、高速道路会社などが保有する施設では、維持管理から活用・改修などのデータが一定の基準に従って長年にわたって正確に記録されており、そのデータをＡＩ化し、クラウド上で解析することにより、施設管理のデジタルシステムの構築が可能であることが分かった。

また、その活用を効率的に行うためには必要なデータを目的に応じて選別し、活用するシステム整備が重要であることも明らかになり、車の両輪である不動産業と建設産業を視野に入れた研究の有効性も確認できた。

4-3

◆ウィズコロナの事業環境はインフレ基調

岸田新政権が始動し、総選挙の日程も確定した2021年秋。同時に緊急事態も解除され、11月からは例年どおり22年度の予算編成が始まった。経済専門各誌は、ウィズコロナ時代到来のいまがデフレ経済からインフレ経済への転換点になるとみて、今後数年間にわたる経済政策の総括的な論説記事を掲載していた。

企業としては、この機会がことしの業績を見直し、ウィズコロナとDX（デジタルトランスフォーメーション）時代の営業戦略を再考する貴重な時間になるだろう。私はマクロ経済の専門家ではないが、本項ではそうした記事を参考に建設産業の構造特性を踏まえながら、これまで述べてきた建設産業のDX対応の現状からその問題点と営業戦略について考えてみたい。

建設企業の経営にとって重要なポイントは、▽バブル崩壊後の30年間、基本的にデフレ基調が続いた事業環境が今後はインフレ基調に転換する▽情報革命の進行により、企業活動における営業情報の活用方法が大きく変わる――の2つだ。

経済環境がインフレ基調に変わる理由は、情報革命の進行により需要が喚起され、増加するためだ。既にその予兆は経済発展の著しい中国やアジアの新興国で起きており、このため石油を始め、さまざまな原材料価格が上昇している。しかし、その率は世界大戦や大災害の時とは異なり、需要にあった緩やかな変化であり、企業活動にとってはプラス面の効果の方が大きい。ただ、建設産業は受注生産方式のため、そこには留意しなければならない。

また、ウィズコロナの経済活動が再開されれば、旅行や飲食・イベントなど、これまで抑制されていた消費ニーズが解き放され、急速な経済の活性化が予想される。これも企業にとってはプラスだが、宿泊施設など大型の投資はオリンピックを機に行われており、当面は改装などの需要にとどまるだろう。

◆デジタル化の加速で起こる施設投資の見極め

今回のコロナ禍でデジタル化のスピードが3年早まり、その投資額は世界のGDP（国内総生産）の16％に当たる16兆ドルになるといわれているが、その裾野は広く、電力関連のインフラ投資からIT素材の生産設備に至るまで広範囲に及ぶ。日本のようにITインフラが整備された国では、情報センターの設備増強やソフト更新などはあるが、新設構造物などの仕事は少ないかもしれない。

むしろ国内で注目すべきは、ここ数年大規模な集配センターを建設した大手物流企業の動向である。こうした企業は最新の集配ソフトを装備しており、それを活用してデジタル化の進行で拡大する電子集配市場の拡大を目指すことになり、その中には新たな物流施設の展開もあるだろう。

建設業の仕事にはITソフト分野に生まれる新たな業務への進出もあるが、一般的には施設関連工事の拡大を目指すことになる。ウィズコロナの景気回復は「K字回復」になるといわれ、営業戦略の目標をどこに置くかで大きく成長する企業とそうでない企業に二極化する。

これまで数回にわたりITの動向変化に特化した話をしてきたが、気が付くと社内でIT関係者の議論だけが深まり、会社全体の営業戦略が横に置かれる状態になっていることが多い。企業収益の基本が建設事業の受注にある建設産業では、まずはこれまでの顧客と営業実績、それに営業活動の知見を総動員して全社の営業戦略を考えることだろう。

特に限定された環境の中で国土強靭化事業を考える地域建設会社とって、それは必要不可欠である。そう考え、本項ではウィズコロナの需要回復を目指した営業戦略に特化して話を進めてみた。

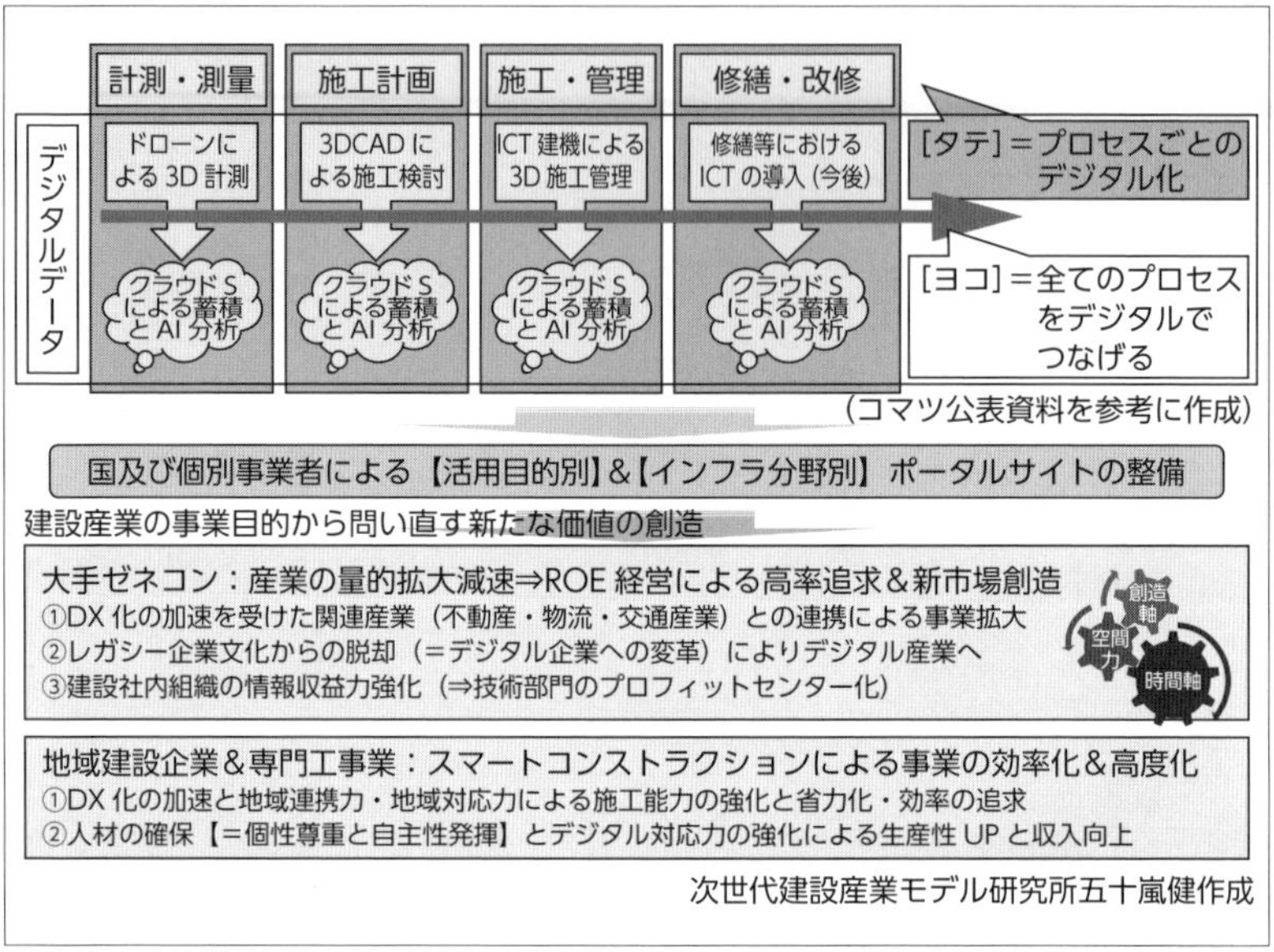
計測・測量
施工計画
施工・管理
修繕・改修
デジタルデータ
ドローンによる3D計測
3DCADによる施工検討
ICT建機による3D施工管理
修繕等におけるICTの導入（今後）
クラウドSによる蓄積とAI分析
クラウドSによる蓄積とAI分析
クラウドSによる蓄積とAI分析
クラウドSによる蓄積とAI分析
[タテ]＝プロセスごとのデジタル化
[ヨコ]＝全てのプロセスをデジタルでつなげる
（コマツ公表資料を参考に作成）
国及び個別事業者による【活用目的別】&【インフラ分野別】ポータルサイトの整備
建設産業の事業目的から問い直す新たな価値の創造
大手ゼネコン：産業の量的拡大減速⇒ROE経営による高率追求＆新市場創造
①DX化の加速を受けた関連産業（不動産・物流・交通産業）との連携による事業拡大
②レガシー企業文化からの脱却（＝デジタル企業への変革）によりデジタル産業へ
③建設社内組織の情報収益力強化（⇒技術部門のプロフィットセンター化）
創造軸
空間力
時間軸
地域建設企業＆専門工事業：スマートコンストラクションによる事業の効率化＆高度化
①DX化の加速と地域連携力・地域対応力による施工能力の強化と省力化・効率の追求
②人材の確保【＝個性尊重と自主性発揮】とデジタル対応力の強化による生産性UPと収入向上
次世代建設産業モデル研究所五十嵐健作成

図22　スマートコンストラクションの構築に向けた現場情報の統合と活用

4-4

◆新たなアーキテクチャー（価値創造）の時代

前項ではウィズコロナの後に来るニューノーマル社会に向けた建設産業の営業戦略について考えた。しかし、建設業の事業環境の変化よりも、DXの進化による業態変容の方がはるかに大きく深い。

2021年秋から米中両国で、コロナ禍の鎮静化と4G（第4世代移動通信システム）時代の情報革命に対する揺り戻しと思える現象が種々起きている。コンテナ港湾の滞留によるロサンゼルスの物流機能まひや中国の石炭不足による停電はその典型だ。原因は通信販売事業の拡大に追いつけない港湾労働者やドライバー不足、電力需要の拡大で、これらのトラブルはまさにコロナ禍と情報革命による合併障害といえる。こうした障害はこれまでにはなく予測が難しい。

しかし、同種の混乱は、私たちの仕事でも今後頻繁に起こると考えられる。そんな状況の中で、市場動向やニーズの変化を先読みして営業戦略を立てることは至難の技だ。大型の構造物を現場で造る建設業にとって、そうした変化を先読みして対応することがスマートコンストラクション[注12]になり、企業の競争力につながる。そのためにまずは何から考えたら良いだろうか。

注12…建設機械製造・販売大手のコマツが構築した、建設生産プロセス全体のあらゆるデータをＩＣＴで有機的につなぐことで、測量から検査まで現場の全てを〝見える化〟し安全で生産性の高い〝未来の現場〟を創造していくソリューション。労働力不足を始め、安全性の向上など建設現場の様々な問題・課題の解決が期待されている。

◆プロダクトアウトからマーケットインへ

本書でたびたび取り上げてきた、デジタル化によるフィルムメーカーや電機産業の成功企業を例に考えてみたい。写真機のデジタル化では写真フィルムが消滅し、技術ストックが霧散するかに見えたが、富士フイルムは現在も総合光学企業としてだけではなく、その技術を広く化粧品や医療・健康分野に活用して発展を遂げている。

一方の雄であるコダック社は対応に遅れ倒産したが、その後残った経営資源を活用し、第2会社で再生している。この両者が危機に直面して問い直したことは「わが社の企業目的は何か」だった。企業が事業環境の急激な変化や成熟化に直面した時に、社内で問い直す言葉がこれになる。

それは別の意味で米ＧＥ社の再生にもつながっている。同社は電機機器メーカーとして大企業に発展したが、コンピューター技術の発展により、軽薄短小産業に向かい出した時、いち早く航空機エンジンのメンテナンス会社に転換し、さらにその後は医療機器の分野にその事業を拡大している。

同じような成功戦略がソニーにも当てはまる。各産業の発展にはそれぞれ時期があり永遠には続かない。その時に自分たちで問い直すべき言葉が「わが社の企業目的は何か」なのだ。それを機に社内に新たな気付きがあり、事業再生の動きが起きる。

ここまで建設産業の将来について、事業拡大の限界や産業の成熟化などあまり耳障りの良くないことを言ってきた。それは産業の現状について注意喚起を促す狙いもあるが、ここでこの話を出すためでもある。その視点に立って建設産業の特性と経営資源について改めて考えてみたい。

土木・建築構造物は時には数百年にわたって機能を発揮し、私たちの生活の安全や機能向上を担保してきた。さらに最近では観光資源や文化遺産としての価値にも注目が集まっている。それをつくり、維持管理するために、建設産業には他産業にない幅広い技術力や柔軟性がある。さらに発想力でも海洋や宇宙空間に目を向けるなど、幅広い対応力もある。

これから始まる５Ｇの情報革新のテーマは、この稿で繰り返し述べてきたようにクラウドによる履歴情報の蓄積とＡＩ解析による時空を軸とした事業創造力にある。これは他産業にはない建設産業の強みである。この機会に「わが社の企業目的は何か」について問い直し、新たなアーキテクチャー（価値創造）の時代に向けて、自社の強みを自覚した上で事業の発展につなげることを願いたい。

4-5

◆1年で大きく変わった建設産業の事業環境

前項ではデジタル社会の到来に向けた地域建設業の情報統合による新たなアーキテクチャーの可能性について述べた。コマツが構築した図は同社が実践の中で長時間をかけて製作したもので、土木建築工事の特性をうまく捉えながら第5世代の情報統合と活用に関する道筋を汎化し示していることが分かった。

このシステムを地域の実情に合わせて整備していくことが、即中小建設業にICTを普及させることにつながるだろう。最近、水道橋の崩落事故が起きたが、こうした事故は無数にあるインフラ施設の潜在リスクの1つで、数年前のトンネル崩落事故と同様、これまでの点検中心の管理では把握が難しい。

しかし、近年進歩が著しいスマートセンサーを使えば、その構造物の物理変化を察知して予知につなげることが可能になる。特に私が注目するのは、実用研究が現在進んでいる既存建築の残余強度の判定に使われている技術である。

こうした開発段階の技術は機密保持の問題もあるため、官民を問わず情報が拡大せず課題解決の現場まで つながらない問題がある。また、分野が建築物と土木構造物に分かれるため、図22の中段に書いた「国及び個別事業者による【活用目的別】&【インフラ分野別】ポータルサイトの整備」が進んでも、なかなかその活用にまで至らないのが飲食店や観光業のポータルサイトの現状から見て明らかである。

◆重要性を増すデジタル担当者の役割

そんな中で分野横断的な情報融合から多くのヒット作が生まれているのが漫画の世界だ。これは作者や読者に若い人が多く、専門性にこだわらないで自分の感性に響くものに反応する傾向が強いためだろう。同様な傾向のものにイベントや芸術作品もあるが、そこで目立つのが情報インフルエンサーの存在である。最近では企業側もその力を認識し、インフルエンサー・マーケティングに取り組むようになった。

そうした視点で見ると規模も大きく歴史が長い建設産業は、専門性が明確で分野横断的な情報インフルエンサーの存在や活用が弱い。むしろこうした分野にヒット商品の潜在シーズが潜んでいることを考えると、つながる情報革命の時代の産業活力を盛り上げていくためにも、建設分野での情報インフルエンサーの活躍が望まれる。

これまでにも幅広い情報対応力で社会の変化をくみ上げてきた大手ゼネコンや設計事務所にはそうした人材が多いはずだ。そうした人材の呼称としてアントレプレナー（起業家）という言葉がある。これは産業革命時代のヨーロッパで生まれたゼロから会社や事業を創り出す人を指す言葉で、最近では地域活性化の仕掛け人としてその活躍が期待されている。

そうした目線で眺めてみると、数は少ないが大手ゼネコンや設計事務所の中にも優れた情報インフルエンサーは存在する。むしろ製造業や既存名門企業より多くいるが、レガシー文化の強く残る産業風土の中でその活躍が進まないだけだろう。

また、政治家や官僚の中にもそうした人材は多く隠れており、情報の収集機会やアウトプットの発信力が大きい分、社会環境さえ整えば明治維新のように活躍する機会がくる。２０２1年放送の大河ドラマ『青天を衝く』で渋沢栄一など多くの青年実業家が活躍する場面は、まさにそのシーンだ。

情報革命の進行が本格化し、デジタル庁・新内閣の発足と続くいまは、ちょうどその時期なのかもしれない。特に同年12月の総選挙で話題となった新しい資本主義の実現に向けた成長戦略については経済界が賛意を表しており、今後の展開が楽しみである。

4-6

◆産業成熟化の壁を乗り越える経営とは

大手電機メーカー各社が産業成熟化の中で苦戦を強いられている中、日立製作所（以下日立）は長期的視点で経営戦略を展開し、先般、安定的な事業拡大が見込める業績発表をした。本項では同社の経営戦略を参考に、建設産業で見落としがちなデフレ環境下の財務戦略について考えてみたい。

この本の中で、ウィズコロナの事業環境はインフレからデフレ基調に転換すると繰り返し述べてきた。戦後からバブル崩壊まで日本は基本的にインフレ基調で、受注生産である建設産業はその推移に関心を払い経営を行ってきた。しかし、平成バブル以降はデフレが続き、その注意が緩んでいるようだ。昭和の時代に現役だった私には、昨今の対応がそう見える。

◆日立の維持管理事業拡大に学ぶ財務戦略

日立はこの半世紀、エレベーター事業を中核にして業績を拡大し、現在はそれを世界に展開している。さらにここ10年は英国の高速鉄道網を27年契約総額９０００億円規模の[注13]ＰＰＰ方式で受注するという、長期指向の事業戦略を取っている。

この戦略はストック利活用時代に対応したもので、フロービジネスである建設事業に対しストックビジネスである不動産事業を視野に入れ、その両方を安定的に成長させたい建設会社の戦略にとっても大いに

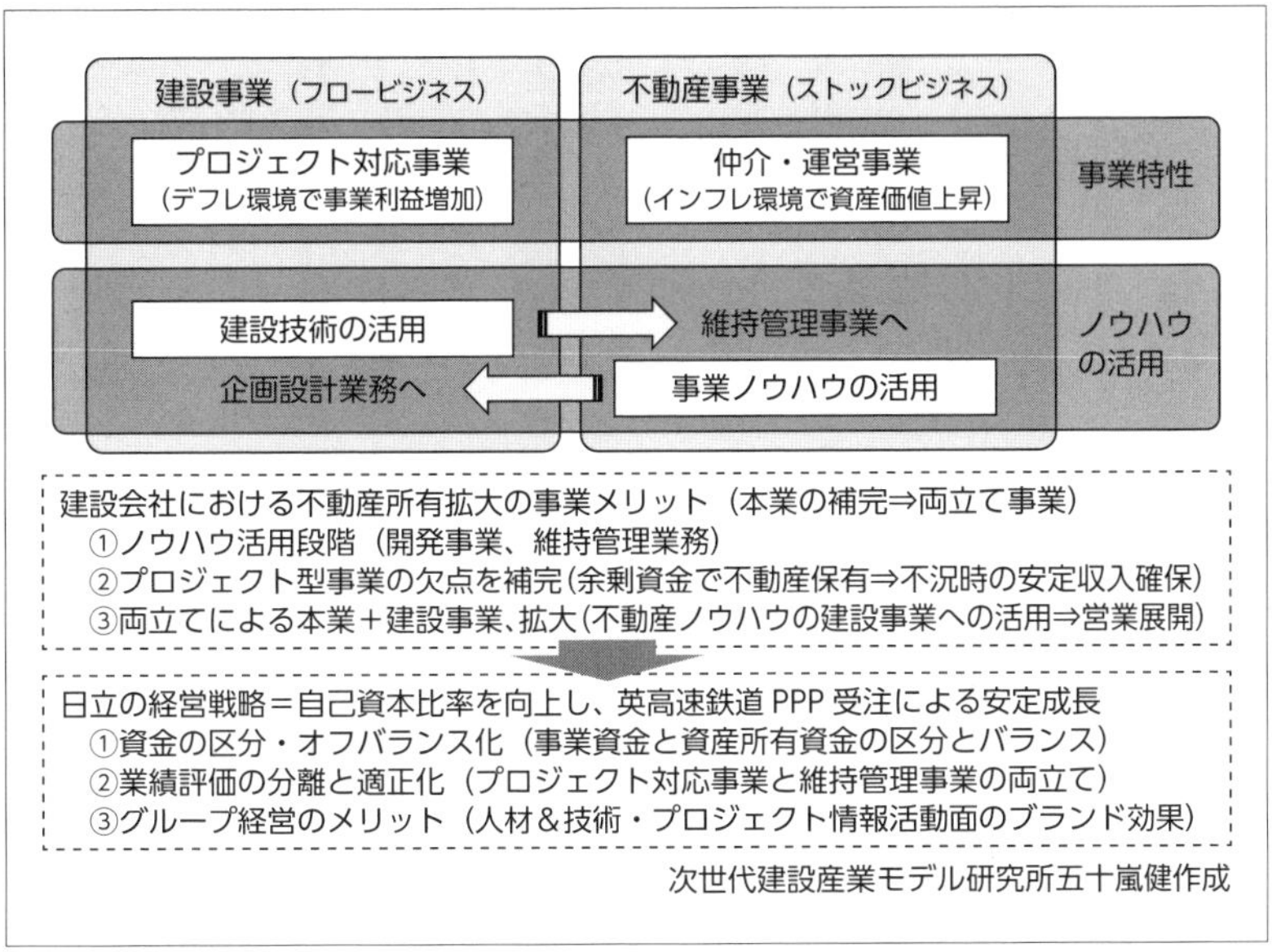
建設事業（フロービジネス）
不動産事業（ストックビジネス）
プロジェクト対応事業
（デフレ環境で事業利益増加）
仲介・運営事業
（インフレ環境で資産価値上昇）
事業特性
建設技術の活用
維持管理事業へ
企画設計業務へ
事業ノウハウの活用
ノウハウの活用
建設会社における不動産所有拡大の事業メリット（本業の補完⇒両立て事業）
①ノウハウ活用段階（開発事業、維持管理業務）
②プロジェクト型事業の欠点を補完（余剰資金で不動産保有⇒不況時の安定収入確保）
③両立てによる本業＋建設事業、拡大（不動産ノウハウの建設事業への活用⇒営業展開）
日立の経営戦略＝自己資本比率を向上し、英高速鉄道 PPP 受注による安定成長
①資金の区分・オフバランス化（事業資金と資産所有資金の区分とバランス）
②業績評価の分離と適正化（プロジェクト対応事業と維持管理事業の両立て）
③グループ経営のメリット（人材＆技術・プロジェクト情報活動面のブランド効果）
次世代建設産業モデル研究所五十嵐健作成

図 23　日立に学ぶ、建設会社が産業成熟化の壁を乗り越える経営とは
＊シナジー効果の発揮には ROE 経営による自己資本比率の増加が課題

参考になるビジネスモデルである。

そのポイントはどこにあるのだろうか。答えはずばり財務戦略にあると考えている。

日立は、安定した市場であるエレベーターの維持管理を自社のコア事業に据え、その収益確保をビジネスモデルの中核に置いている。そのためエレベーターの維持管理を直接子会社の社員で行うとともに、劣化情報を把握するIT管理を徹底した。このあたりは以前述べたGEの航空エンジンのメンテナンスと同じ手法である。こうした安定市場を担うため、早期に自己資金を充実させる方針を取ったが、これは家電品の黄金時代に量販店でローン販売を拡大する中で得たノウハウだという。

当初、エレベーターの維持管理は収益が高く、先行する欧州各社が独自の方法で市場を確保していたが、市場の成熟化とともに独占の魅力が薄れ、それに対応して他社の事故などを機に仕事に参入していった。

さらに高速鉄道網が各国で普及するようになると安全運航問題がクローズアップされ、中国などでの事故を契機に鉄道安全運航システムの海外への売り込みをしたという。その後、欧州各国でＰＰＰ方式による鉄道事業一括受託の動きが活発になり、日立は子会社の車両製造や安全運航システムなどを統括し、英国の高速鉄道網のＰＰＰ受注に取り組んだのだという。

当時の大手はシーメンス、アルストム、ボンバルディアで、実績のない日立はペーパートレインと揶揄《やゆ》されたが、鉄道事業の本社を英国に移すなど地道な努力を重ねて受注にこぎ着けた。

それでも英国国営鉄道との意思疎通や人材計画の遅れなどのうわさが耳に入るなど、巨大プロジェクトの先行きが心配されたが、この業績説明で順調に推移していることが分かり、ここに参考事例として載せた。

建設会社にとってバブル崩壊後の不況時やインフレ基調の時には、本業の補完として不動産を持つことのメリットはあるが、シナジー効果の発揮によって両事業を持続的に発展させることが難しかった。これは建設事業の拡大にも一定の運営資金が必要なことから、ＲＯＥ（自己資本利益率）経営の要である資金配分での利益相反が起こるためである。しかし、日立の経営戦略はこれを解消する有効な参考事例だと考えていた。

岸田首相の発言で「新たな資本主義による経済成長」の話が出ていた。現状ではそれを実践する上で相反関係があるが、特に大手各社は先に挙げたコマツや日立の事例を参考にそれを乗り切る戦略を考えてもらいたい。

注13…PPPとは、パブリックプライベートパートナーシップ（Public Private Partnership）の略で、官と民がパートナーを組んで事業を行う新しい官民協力の形態である。例えば水道、ガス、交通など、従来は地方自治体が公営で行ってきた事業に民間事業者が事業の計画段階から参加して、設備は官が保有したまま、設備投資や運営を民間事業者に委ねる民間委託を含む手法を指す。

4-7

◆日立のＲＯＥ経営を実践するチャンス到来

いよいよデフレ経済からインフレへの転換点が迫ってきた。この講座では、２０２０年9月以来、ウィズコロナとＤＸ時代は、長期のインフレ経済環境になると折につけその対応を取り上げてきた。

産業革命以降の３００年間、世界経済は全体を見ると緩やかなインフレ環境の中にあった。岸田文雄新首相の言うように、年率２％程度の緩やかなインフレが続くことは経済活動にとって望ましいことであり、むしろこれまでの30年、日本で続いたデフレ経済は、企業経営にとってかじ取りの難しい時代だった。その意味ではアベノミクスの積極財政でこれをしのぎきった日本は、よく善戦したと言える。

でもそれを関心ばかりしてはいられない。この年末から食料品や生活資材、エネルギー価格などの上昇が迫っている。というより、今後はデジタル革命の進行による生産性の向上によるインフレ環境が続く。過去の実績から考え、その期間は30年に及ぶだろう。

しかもデフレからインフレへの転換期は、特に建設業にとっては経営が難しい時になる。そのことについては後半で触れるが、ウィズコロナとＤＸ時代の到来により建設産業の事業環境が大きく変わる中、この先を見通した事業の長期戦略を考えたいと思う人は多い。

そのため、本項では建設会社が不動産事業と連携し、両事業のシナジー効果を発揮する経営手法から入りたい。前項の日立の長期的な成長戦略は、ＲＯＥ（自己資本利益率）経営によって自己資本比率を高め、高速鉄道の運営事業という長期安定型の事業機会を獲得することだと述べた。

◆建設会社が事業拡大の壁を乗り越えるカギ

建設会社の仕事は、建物や土木インフラを建設するフローの仕事で、そこでつくられた施設を運営し、収益を上げていく仕事はストックビジネス[注14]ということになる。建設産業は明治以降の150年間、ひたすらリスクの多い建設事業を担ってきたが、平成を過ぎるころから新たな施設整備は次第に減少し、代わりにそうした施設の維持管理や機能更新を担う公団や不動産会社の役割が高まっている。これが欧米で言うところのストック型社会の到来である。

こうした社会変化の中で、建設産業が持続的な発展を目指すためには、ストックビジネスとフロービジネスのバランスを取りながら事業の拡大を考える必要がある。前回書いたように双方の事業の技術ノウハは同一で、その使い方の視点が多少異なるだけだ。しかしストックビジネスの方からのアプローチは容易で、建設会社からストック事業を拡大することは容易ではない。

それは、建設事業は粗利1割と言われるように、もし順調に完成すれば利益は大きい半面、工事の間のつなぎ資金が7割ほどいる。一方、不動産事業の方は手数料などを含めた粗利が3％程度で、投入資金の回収まで長期間要する。

このため、その間の運営資金はできるだけ金利がかからない方が好ましく、その点では日立の事業と同じだ。建設産業でも高度成長期にはそうした不動産投資を自社の余裕資金で賄い、事業を拡大してきた企業は多いが、失われた30年と言われる現在は資金回収まで数十年を要するため、ストック事業の拡大が難

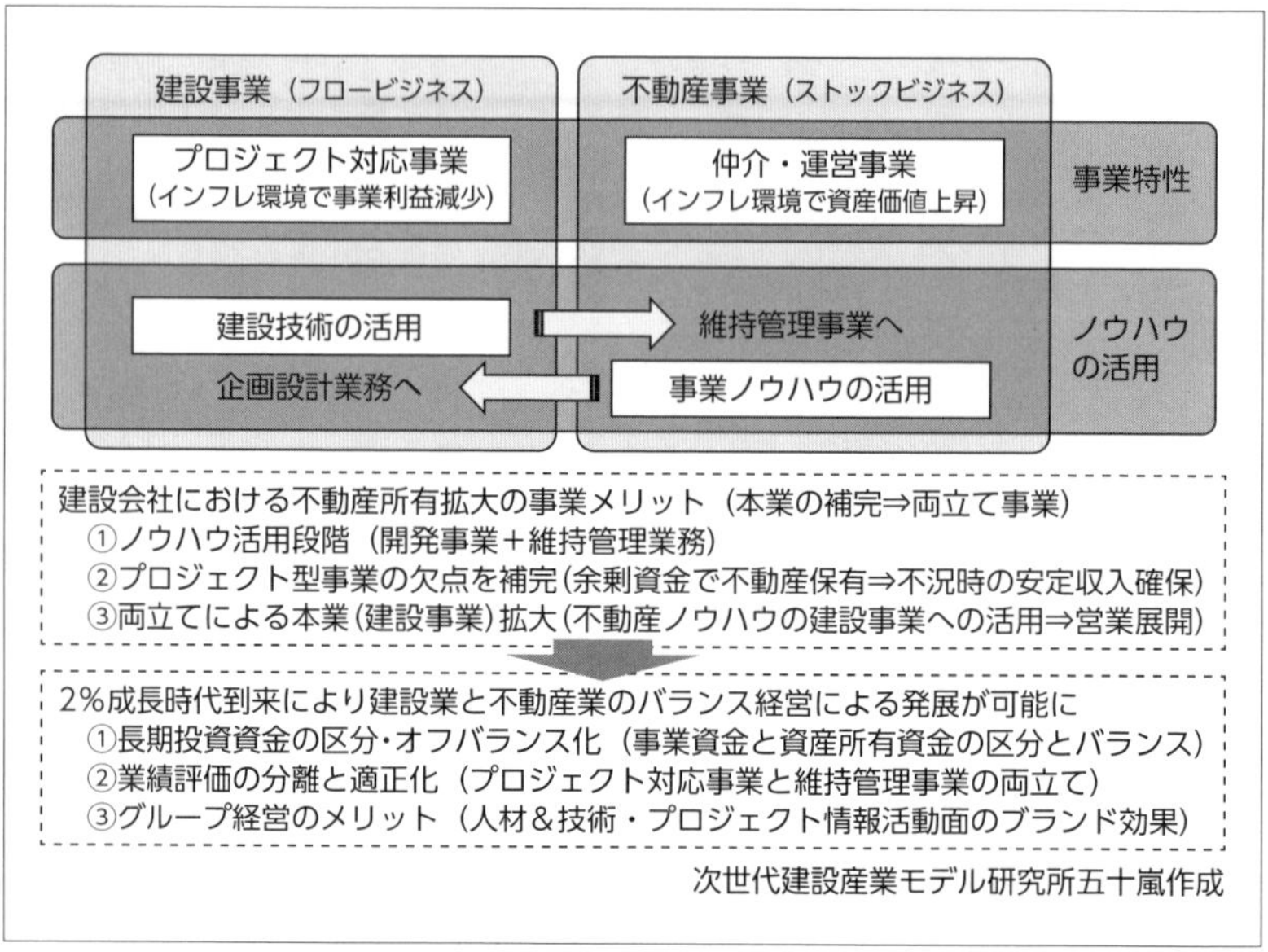

次世代建設産業モデル研究所五十嵐作成

図24　ウィズコロナのインフレ環境は建設・不動産連携による発展の時代
＊シナジー効果の発揮にはROE経営による自己資本比率の増加がポイント

しかった。しかし、これからの2%成長経済下では、多くの建設会社でそれが可能となる。

注14…ストックビジネスとは、建設された施設（建設ストック）の維持管理や改修などの業務をいう。これに対し、従来の建設産業の活動領域である、新たにつくったり壊したりする仕事をフロービジネスと呼ぶ。使用期間の長い建設施設では、毎年ストックの量が増大し、それに関する業務が増える傾向にある。一方、日本では経済の成熟化や人口の減少によって、新設工事は減少していくと考えられている。

このため現在、建設産業の成長戦略の1つとしてストックビジネスにどう取り組むかが課題となっている。

4-8

◆建設産業が産業再生の先頭に立つチャンス

２０２０年６月に国土交通省不動産・建設産業局から不動産・建設経済局への改称があり、当初はこの名称変更に違和感を持つ人も多かったが、あれから1年半が経過し、その後のデジタル化加速の中でいまはすっかり解消した。

建設産業はプロジェクト対応で、屋外で行う仕事のために社会の変化には敏感だ。それに社内のガバナンスも他産業に比べると緩く、社員の感性も高い。いま建設各社は、トップから末端までそれぞれが自分の仕事のデジタル活用の見直しに入っている。

さらに20年以上に及ぶ建設産業冬の時代にもデジタル化の流れの先を読み、その対応を着実に進めてきたコマツやＪＭ、プロパティデータバンクのような業界の先行企業は、この機会に一気に事業拡大を進める準備をしている。

これまで繰り返し述べてきたが、周回遅れの状態だった日本の建設産業にとって、いまが金融業や製造・販売業を追い越して産業界の先頭に立つチャンスではないかと考えている。

◆情報革命による産業構造の質的変化を考える

18世紀後半から始まった産業革命は別名動力革命とも呼ばれ、産業用動力機関の進歩によって始まり、その後その特性を生かした量産システムの開発、販売流通システムの開発によって、その進歩は20世紀末まで約200年間続き、日本でも20世紀の末に至りようやく高速物流ネットワークが完成した。その後21世紀に入り、ITによる情報処理速度が30年間で30万倍に増加するという、情報通信革命の時代が始まる。その活用にはハード面の制約が少ないため、人口が多く国土が広い米国、中国やその周辺地域の経済成長を促した。

他方こうした不均衡な進歩は、米中でわずか1%の人口に富の半分が集中する現象や、一部物流施設の目詰まり、成長企業の活動の行き過ぎによる人権侵害やエネルギー不足など、その周辺部で多くの混乱を引き起こしている。

それがコロナパンデミック（世界的大流行）と時期的に重なり、一部中国大手不動産会社の経営危機や米国西海岸のコンテナー基地の混乱、欧州各地で起こっている亡命者の移動による混乱などを引き起こし、国際情勢の不安低化を助長している。

日本の建設産業は2010年以降の10年間、オリンピックやインバウンド需要に支えられ、それまでの失われた20年で負った傷を回復したが、4G時代の情報化の波に乗れなかった。その結果、4G時代の負の遺産である富の偏在化による社会の分断や物流、マスコミ、政治の混乱、そして同時期に起こったコロナ禍の影響も最小限にとどめることができた。しかし現下の事業環境から安値受注が始まっている。

前項で述べたように建設産業はフロー型産業のために、デジタル産業のように以前の実績が業績にアドオンされることはない。この辺がストック型の産業である不動産業やIT産業と異なり、建設会社が経済環境の変化に弱い事業構造になっている理由だ。それを改善するためには不動産事業と連携しながら両事業のシナジー効果を発揮する経営戦略を考える必要がある。

　こうした産業構造の質的変化を考える経営手法については、先進事例を参考にしながら対面で考える相互研さん型の学習機会が有効だと考えている。

第 5 章

デジタル革命の先にある建設産業の新たな未来に向けて

5-1

◆「働き方改革から働きがい改革へ」目的の明示

２０２３年2月現在、コロナ禍の影響はまだ続いている。しかし、それに対するレジリエンスもだいぶ強化されており、長期的にみると建設産業に与える影響はデジタル革命の進行による事業環境の変化の方が大きい。

そのため本章では、デジタル革命の先にある建設産業の新たな未来に向けた経営戦略の課題について考えてみたい。

これまでにも繰り返し述べてきたが、アフターコロナの経済環境は３％程度の物価上昇が長期間続くことになるだろう。その転換期に当たる現下の状況は、それまでの物価抑制への反動もあり、堰を通過する河の流れのように複雑で激しい動きが想定される。

ただ前章で書いたように、21年の後半からゼネコンや大手工事会社はデジタル化の先をにらんで、各社の経営戦略に沿って動き始めている。

しかし資金力の小さい1人親方にとっては、急激なインフレの進行は高度成長期によく見られた黒字倒産の危険がある。その影響は、中長期的に元請企業の体力低下にもつながるので注意を要する。

建設通信新聞22年1月14日付の「記者座談会」で、〝最近「働き方改革」だけでなく「働きがい」という表現もよく耳にする〟と述べているが、情報革新の時代にはこれまでのやり方にとらわれず「目的を前面に打ち出して手段を考える」方が効果的で傾聴に値する言葉だ。

最近、経済専門誌などで取り上げているように、受発注者のニーズや関係性が大きく変わっている。次世代産業モデル研究を続ける中でわかったことは、景気や事業環境が目まぐるしく変わる中で、数十年単位で成長を続ける企業は、創業の意図を大事にしながらも事業領域やビジネスモデルは時代に合わせて常に進化している企業が多いことだ。

◆DXレポート2・1に見るデジタル企業への道

建設産業のデジタル化対応が進むにつれ、レガシー文化からの脱却の重要性がますます認識されるようになった。

DXレポートは21年8月に2・1バージョンが出された。それを見るとユーザー企業とベンダー企業の変化に向けたジレンマについて述べているが、建設産業の現状の課題とその脱却のヒントも、まさにこの点にある。

建設産業がレガシー企業文化から抜け出してデジタル企業に生まれ変わり、5G(第5世代移動通信システム）時代の新たな価値を創出するためには、ユーザーである既存企業がＩＴベンダーと情報共有して、そのジレンマを乗り越える必要があるが、そこにはいくつかのジレンマがある。

このレポートには、そのジレンマを乗り越える方法をパターン化して示唆しているが、建設産業の方から見ると、それを企業の構成員が理解して乗り越え、共通のプラットフォームをつくることは難しい。

ただそうしたジレンマを乗り越えて、ビジネスプラットフォームを構築し事業化している企業は、コマツやＪＭ、プロパティデータバンクなどまだ少数ではあるが存在する。

コマツは本来重機メーカーであったが、重機に内装したＩＴデータを活用して重機管理の効率化から土工事のための自動化共通プラットフォームの形成を提案している。コンビニエンス店舗のメンテナンス工事から出発したＪＭは、顧客であるコンビニ店舗の出店調査や工事受注から出発し、今では広く一般店舗の出店から運営に至る業務受託に領域を拡大している。

プラットフォームビジネスの発展性は極めて高い。本書後半部では、そうした先進企業と連携を取りながら、この10年間行ってきた次世代建設戦略モデル研究のノウハウもビジネスプラットフォームに使い、建設会社のデジタル企業への変革プロセスについて考えていきたい。

5-2

◆蓄積したデータを起点に社会的価値量産

前項では、建設産業がレガシー企業文化から抜け出してデジタル企業に生まれ変わり、５Ｇ時代の新たな価値を創出するためには、ＩＴベンダーと情報共有してそのジレンマを乗り越える必要があるが、そこにいくつかのジレンマがあることを述べた。

前掲のＤＸ（デジタルトランスフォーメーション）レポートには、そのジレンマを乗り越える方法をパターン化して示している。それを参考に先進成功事例の足跡をたどりながら、その成功理由を考えてみたい。

国土交通省では、公共工事での３次元データ活用の中核拠点となるＤＸデータセンターを通じた新たなビジネスモデルの確立に向けて実証実験を始めるという。そのモデル・コンセプトはコマツが提起したスマートコンストラクションにある。

コマツがその構築に至ったのは、中国の高度成長期にあたる１９９０年代に高速交通網の整備需要を受けて建機のリース事業を展開し、広い国土の中での事業展開を効率的に行うためにＩＴを活用したことによる。その時、ユーザー企業の２つのジレンマを乗り越えられた理由は、バブル後の国内建設需要の低迷と中国市場の急成長、そしてなにより重要なこととは当時の中国が米国ＩＴ企業と協力企業関係にあり、人材育成のジレンマを克服できたことだ。

当時日本の大手ゼネコンもその需要を狙って進出したが、中国国内企業育成の障壁を打破することができず早々に撤退した。ただ日本設計だけはその後も欧米の大手設計事務所に伍して、超高層ビルや大型都市開発のプロジェクトで確固たる地位を築いているのは評価に値するだろう。

その成功の理由を私なりに解釈すれば、欧米以上のエンジニアリング能力を有し、風水のような中国固有の文化風土も理解するという日本企業ならではの特性を生かしたことと、それに充実した実務部隊を中国に配した本気度だと考えている。

建設産業はシビルエンジニアやアーキテクトと呼ばれ、古くから人間の生活基盤を創る仕事を担ってきた。日本の森林資源や平地に広がる耕地、そして明治以降の高速交通網や居住空間にはその成果が集約されている。そうした技術は今も社会インフラとして残りさらなる発展を遂げている。われわれの世代の役割はその中に蓄積したデータを活用して5G時代に向けた新しい価値を創造することになる。

◆協業でビジネスチャンス拡大

2022年2月1日付の建設通信新聞に、「データ起点に社会的価値量産」という見出しで日本気象協会の寄稿が載っていた。その内容はプラットフォーマーの存在感を発揮して協業でビジネスチャンスを拡大するというもので、まさに次世代の公的組織の役割を示唆している。その気象協会にも二十数年前に苦悩の時代があった。

当時、大型PC技術の進歩に伴い気象予報技術が大きく進化したが、そこで予見した地球温暖化による気象環境の激化などの問題を具体的に役立てるためにハザードマップを作成した。しかしそこに住む住民や地価のき損を危惧《きぐ》する不動産業者からの忌避にあった。

あれから4半世紀がたち、その災害想定地図の存在がさまざまな場所で見直され、前述の対応につながっている。コマツや日本設計の成功事例にも、同じようなワイドビュー&ロングスパンの目線の高さがある。

一方、その間には多くの失敗や困難があったことも想像される。

ただ、後人が苦心の跡を探り参考にできるのは成功事例だけだ。その意味ではわれわれがコマツのビジネスモデル構築の参考にできるのは、発明家エジソンが創ったゼネラル・エレクトリック（以下GE）社のメーカーから航空エンジンや先端医療機器のメンテナンス企業への転身事例だろう。

5-3

◆時間とともに毀損《きそん》していくブランド価値

建設産業の仕事量は減っていないが、受注した工事の利益率が低下しているという。それはインフレ経済への転換点の一時的現象というより、デジタル化の進行によって既存産業全体の差別化要素が減少したことが原因だと考えている。

それはひとり建設産業の問題ではない。ここ数年IT革命が進行する中で苦戦を強いられている日本の製造業や販売業に共通する問題である。この状態を抜け出すためには5G時代に向けた新たな事業価値を創出する必要があり、ITベンダーと情報共有をしてそのジレンマを乗り越える必要があることを述べた。

そのジレンマを乗り越えた企業として、前項で挙げたGE社やコマツ以外にも参考になる事例がある。それはDX戦略を前面に出して社内体制を改革し業績を上げているソニーだ。同社の機構改革は2021年7月に発表された。そのポイントは、(1)グループ本社の発足(2)エレクトロニクス事業による商号の継承(3)金融事業の完全子会社化(4)役員体制の変更——の4項目で、簡明でわかりやすい。

改革の評価が定まるのはまだ先のことになる。しかし現時点でも同社の金融やエンターテインメント事業は、ほかの多角化事業とのシナジー効果を発揮し、グループ全体の業績向上を達成している。その戦略は、ゼネコンやエンジニアリング会社など間口の広い事業展開をしている建設産業にとっても検討に値するだろう。

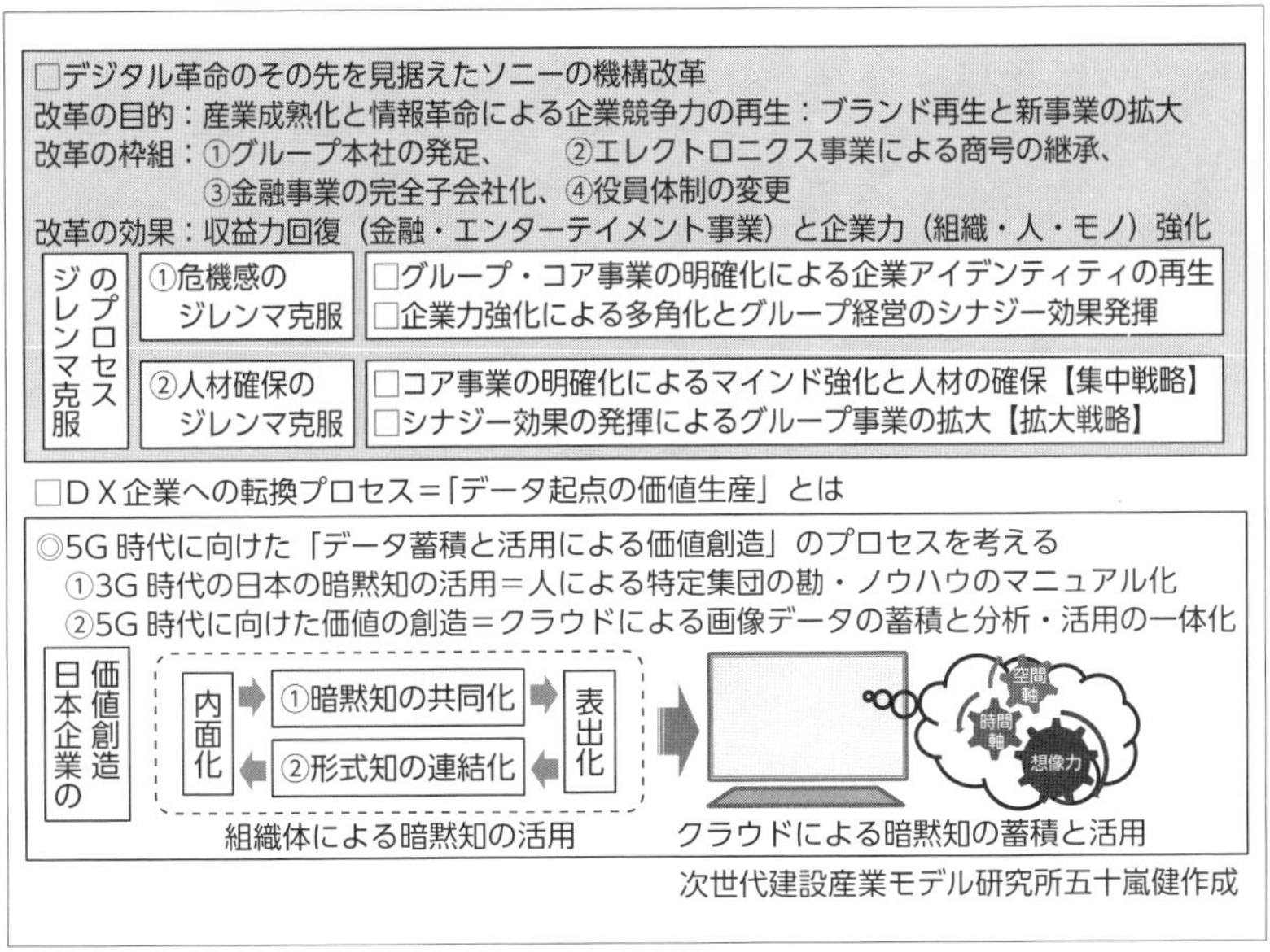

□デジタル革命のその先を見据えたソニーの機構改革
改革の目的：産業成熟化と情報革命による企業競争力の再生：ブランド再生と新事業の拡大
改革の枠組：①グループ本社の発足、　②エレクトロニクス事業による商号の継承、
　　　　　　③金融事業の完全子会社化、④役員体制の変更
改革の効果：収益力回復（金融・エンターテイメント事業）と企業力（組織・人・モノ）強化

| ジレンマ克服のプロセス | ①危機感のジレンマ克服 | □グループ・コア事業の明確化による企業アイデンティティの再生
□企業力強化による多角化とグループ経営のシナジー効果発揮 |
| | ②人材確保のジレンマ克服 | □コア事業の明確化によるマインド強化と人材の確保【集中戦略】
□シナジー効果の発揮によるグループ事業の拡大【拡大戦略】 |

□ＤＸ企業への転換プロセス＝「データ起点の価値生産」とは

◎5G 時代に向けた「データ蓄積と活用による価値創造」のプロセスを考える
　①3G 時代の日本の暗黙知の活用＝人による特定集団の勘・ノウハウのマニュアル化
　②5G 時代に向けた価値の創造＝クラウドによる画像データの蓄積と分析・活用の一体化

日本企業の価値創造

内面化　①暗黙知の共同化　表出化　②形式知の連結化

組織体による暗黙知の活用　　　クラウドによる暗黙知の蓄積と活用

次世代建設産業モデル研究所五十嵐健作成

図 25　事例に学ぶ、デジタル改革のその先を見据えた優良企業の戦略

まず、第1は発祥の原点を明確にしたことで、ブランドの特性が明確になったことだ。伝統ある企業の多くが、事業の多角化に伴ってブランド価値を低下しているが、その毀損を回避できる。

2点目は、グループ企業のガバナンスと幹部の役割を明確にし、資金調達を容易にしたことである。事業目的と人、資金の3要素は企業経営の根幹で、それが改革に明示されている点で名門会社がデジタル企業に生まれ変わる際の参考になる。

◆時代変化に対応し新たな価値創出

この半世紀、産業成熟化のなかで合併・統合を繰り返した金融や物販業界では、合併企業の名前を重ね合わせた結果、ブランド価値を喪失し、同時に人材と顧客と組織ガバナンスが弱体化していったことと重ね合わせてみるとよくわかる。

現在のようにIT革命が急速に進行する状況では、多くの企業にとって合併や業態変容は避けられない。事実、本紙の紙面も昨年からそうした記事で埋めつくされている。しかし新たなビジネス価値の創出の参考になりそうなものは少ない。

２０２２年に入って、経済専門誌で建設・不動産業に関する特集を相次いで載せているが、その中で気になる記事があった。それはダイヤモンド電子版（22年2月24日配信）の『我々が気づかない「暗黙知」が人間社会を激変させる時代の到来』だ。そこでは「現在流行の暗黙知を、ビジネス界では勘やノウハウの意味で使うことが多いが、アカデミズムでは無意識のうちに自分の内部で行われている知的な運動(tacit knowing）を指す」と言っている。

そして、この〝気がつかない暗黙知〟にこそ新たな価値の発見があると力説している。すでに高齢に達した私もそれを実感しているが、その気づきの中から新たな知識価値が生まれることが多い。ＳＥＣＩモデルでは組織の暗黙知を形式知化する場として会議の場を重視している。

ただ、経験豊かな組織の指導層にはワイドビュー＆ロングスパンの視点と知見はあるが、反面新たな〝tacit knowing〟を軽視して結論を急ぐ傾向もある。特に時間の限られた会議の場でその傾向が表れることが多い。

しかし、トップが結論を言ってしまうと組織の思考はそこで止まる。情報革命の時代が始まろうとしている今、トップにとってこの提言が示唆するところは深い。

5-4

◆デジタル・ビジネスは長期かつ技術主導で

最近の機構改革をみると、DXの進行に合わせ当該部門を拡充する企業が多い。DXは事業開発や研究開発と同様、時間の経過とともにき損していくブランド価値を再生・向上させ、次世代に対応した新たな企業価値を創る戦略で、通常の経営戦略ではあまり論じられない。

しかし、百年企業が多い建設業にとっては、市場開拓と同様、企業の存続を考える重要な戦略課題である。ここまでその参考になりそうな事例を挙げて紹介してきたが、ここではそのまとめとしてこれまで考えてきたデジタル・ビジネスの特性を整理し、特に建設会社の社内若手人材を生かした新たな事業の創造・育成につなげる方法を考えてみたい。

先に述べた、JMやプロパティ・データバンク（PDB）は、バブル崩壊後に拡建設を模索したゼネコンの新規事業として誕生し、以来30年それぞれ順調に成長し今日に至っている。

前者は、当時経済同友会の役員をしていた前田建設のオーナーが、成長著しいセブングループの仕事のやり方を学ぼうと同社の店舗企画で業務提携をしたことにはじまる。以来、コンビニ事業の成長に合わせて店舗の企画と補修工事を一手に引き受けるビジネスモデルを開発し、パートナー企業として今日の成長を果たし今ではグループにおけるデジタル事業の中核を担っている。

後者は清水建設の不動産企画ソフトを当時米国で生まれたばかりのSaaS（ソフト提供）事業の形で

外販としたことが始まりである。現在建設キャリアアップシステム（ＣＣＵＳ）で使われているソフトも、それと同時期に清水の現場出退管理システムから生まれた事業だ。

いまＢＩＭ／ＣＩＭ時代の到来を前に、多くの建設会社や建設コンサルタントがデジタル・ビジネスに取り組もうと躍起になっている。しかしその多くが、短期視点からの発想で取り組んでいるように思えてならない。考えてみるとこの欄で紹介してきたコマツやソニーともに長期かつ技術オリエンテッドの取り組み成果である。

デジタル・ビジネスは基本ストック型のビジネスで、フロー型ビジネスの建設産業とは異なりアドオン方式で業績が増えるため、初めの事業量は微々たるものだが、20年以上継続しデファクトスタンダードを確立すると、以降ねずみ算式に事業が発展する。ＧＡＦＡＭと呼ばれる米国の巨大企業も同様に若いベンチャーが技術オリエンテッドで取り組んだ事業だ。

◆社内若手人材の活用に向けて

私は、デジタル・ビジネスは建設会社や建設コンサルタント企業の保有するノウハウと人材、特に若手人材の能力を生かして取り組む仕事だと考えており、産業構造が大きな転換点を迎える今がそのチャンスだ。以下その理由を説明する。

第1は、歴史が長く事業の間口が広い建設産業にはインフラ整備だけなくその間に起こるさまざまな社会問題に対処するための幅広いウノハウが蓄積されている点だ。それはある意味、総合商社や物販業にも通じるが、経営トップから中核人材まで技術者が多いことが異なる。よく技術者は〝奥は深いが幅が狭い〟

と言われるが、その欠点は経営者や組織が補い、長所を育てる仕組みを考えだせばよい。

第2は、最近整備が著しい株式第二市場への公開によって発案者が相応の利益を外部から得られる機会が増えたことで、若い世代にとってはその努力が壮年時代に大きく報われることが魅力だ。若者たちはそのことをよく知っており夢でもある。

その夢に対して挑戦の機会を創ることは、企業の活性化だけなく意欲的な人材の確保にもつながる。ぜひ経営者にその方策を考えてもらいたい。

産業ビッグバン～次世代事業創生の時代に向けて～

5-5

◆デジタル・ビジネスは長期かつ技術主導の視点で

今日、明治以来日本の産業界の頂点にあった銀行や百貨店の苦戦が目立つ。百年企業が多い建設業は、明治の変革期、戦後の敗戦時、高度成長期と各時代の転換期には、それに対応した経営戦略を考えてその時代を乗り越えてきたが、一方その過程ではこれに対応できず消滅した企業も数知れない。

適者生存は歴史のことわりである。今日ある意味で歴史ブームの観を呈しているのも、そのことを示唆しているのだろう。なかでも現在は産業革命以来の転換期で産業ビッグバンとも言われ、18世紀以来産業の根幹を形成してきた多くの金融機関や製造・販売業が存亡の危機を迎えている。

先日、岸田文雄首相はデジタル技術を活用した社会資本の価値向上を指示したとの報道があった。これはデジタル革命の進行に対応した国土の強靭化を目指すためのもので、今後の国土政策の骨格になるものだ。

□ケース・スタディーに見るデジタルビジネス（D.B.）の特性と建設業の取り組み方
取組み意義：産業成熟化により毀損する企業競争力の再生：ブランド再生と新事業の拡大
対応の枠組：①社内若手人材による新たな事業創出につながる長期かつ技術主導の取り組み
②D.B. はアドオン型の事業で、デファクト・スタンダードの確立後はネズミ算式に拡大
紹介事例：

①ソニー・富士フイルムにみる企業再生の要因	□ソニー：経営組織改革（2020.5）によるグループ経営力の強化 □富士フイルム：コア技術を生かした多角化と新事業の創生開拓
2 建設産業の先進事例にみる D.B. 成功の要因	□コマツ；中国市場開拓での実績を踏まえた DB 事業の構築・展開 □ゼネコン；先行 D.B. 事業と海外の事例を踏まえた事業の拡大

DX ビジネスへの転換は社内若手人材活用による組織活性化

①間口の広い建設産業が、ノウハウをベースに次世代事業創成するチャンス
◎建設産業には、総合商社や名門製造業に通じる幅広い事業ノウハウが存在。
しかし、トップから中核人材まで技術者多く“奥は深いが巾が狭い”ことが課題
⇒その欠点を経営者や組織が補い、長所を育てる仕組みを！
②若手世代にとって、創業時の努力が壮年期の株式上場の還元で実る事が魅力
⇒DX 世代の若者はそのことをよく知っており、夢でもある
⇒トップの役割は、新たな価値創造に向けてそのエネルギーを結集すること
それは企業の活性化だけでなく、意欲的な人材の確保にもつながる！

次世代建設産業モデル研究所五十嵐健作成

図 26　産業ビッグバン時代！次代事業の創生に向け経営戦略を考える

本書では２０２０年から、戦後のインフラ整備の流れを振り返りながら建設産業の経営戦略を考えてきた。ここからはその最終章として、これからの４半世紀を視野に、デジタル革命の到来による建設産業ビッグバンの時代に向けた経営戦略について考えてみたい。

これまで建設産業の経営戦略の基本はプロジェクトの積み重ねにあり、そのため各社とも過去の実績の整理に重点を置いて「社史の編纂」に注力してきた。しかし産業ビッグバンの時代には、その時の時代変化をどう理解し、組織風土の改革を推し進めるかという〝未来への対応力〟が重要になる。

これまで例に挙げたソニーや富士フイルムは、そうした時代の変化を的確に捉え、スピード感を持って対応してきたことが再発展の要因であり、その成果は大きい。ここからは、プロジェクトや技術の実績より、その時の社会変化の要因や自社

の存在意義をどう捉え、どのように対応すべきかについて考えていきたい。

◆社内若手人材の活性化につながるやり方

日本の百年企業に共通する課題としては経営層にベテラン男性が多く、若手や女性が少ないことがある。これまでの経緯を考えればやむを得ないことだが、ウクライナの情報相は31歳でその活躍は目覚ましいものがある。また、欧米の政府や企業でも若者や女性の活躍が目立つ。

デジタル革命の時代に向けて、百年企業が多い建設産業でも女性や若者、海外人材、さらには非正規社員など未活用人材の活躍が課題になる。

本項ではまとめとして、これまで考えてきたデジタル・ビジネスの特性を整理し、特に建設会社の社内若手人材を生かして新たな事業の創造・育成につなげる方法を考えてみたい。

まず第1点、デジタル・ビジネスは基本ストック型のビジネスで、フロー型ビジネスとは異なり20年以上継続しデファクトスタンダードを確立すると、以降ねずみ算式に事業が成長していく。いわば少ない投資で大きな事業を育てることが可能なビジネスで、しかもそのシーズは社内の現業にある。そして数十年後の株式公開の際には大きなリターンを期待できるため、若い人が技術オリエンテッドで取り組むのに適した事業だ。

歴史が長く事業の間口が広い建設産業には、主要事業であるインフラ整備だけでなく、その過程で起こるさまざまな問題に対処するための幅広いノウハウが蓄積されており、ある意味で総合商社や物販業の業態に似ている。ただ異なる点は、社員構成に技術系が多いことだ。技術者は〝奥は深いが幅が狭い〟と言われるが、新たな事業が社内で生まれるためにどのような仕組みを考えるか、それがトップの役割になるだろう。

5-6

◆リスクとリターンを考慮した投資型経営の時代へ

2022年5月31日、岸田政権は看板政策である「新しい資本主義」のグランドデザインと実施計画を発表した。そのうち建設産業と関わりの深いGX（グリーントランスフォーメーション）関連投資は、10年間で150兆円を目指すという。

これまでなら建設各社トップの号令がかかり、営業が一斉に動き出すのだが今回はそうはいかない。確かに近い将来、[注15]国土強靭化や都市開発、風力発電などの建設プロジェクトとして具体化することになる。しかし、その形成プロセスが従来とは異なるため、自社の目指すプロジェクトが何で、それがどこでどう具体化するのか探る必要がある。さらに、その関連で情報通信ネットワークやインフラの機能更新、BIM／CIMの新たな市場などの建設関連プロジェクトが生まれる可能性もある。

まずはそうしたデジタル革命下の建設市場メカニズムの変化から考えなければならない。そのためには「新しい資本主義」の背景を理解し、そこで起きる市場変化を予測し、自社の経営戦略をどう進めるのかという〝未来への対応力〟が重要になる。

既に大手ゼネコン各社はその方向で動き出しており、本社組織の改革や新しい事業戦略が連日新聞紙面をにぎわしている。しかし中小や地域建設会社、専門工事会社は建設産業全体の市場変化を把握できず、そうした対応が難しいのが現状だ。

ここからは明治以来150年間の建設産業の流れを踏まえながら、現在の建設産業のデジタル革命の特性、政府の国土強靭化政策の取り組み、情報化で変わる企業力の変化などをもとに、建設産業ビッグバンの時代に向けた〝未来への対応力〟について考えてみたい。

注15…大規模自然災害発生時に人命を守り、経済社会への被害が致命的にならず迅速に回復する〝強さとしなやかさ〟を備えた国土や経済社会システムを構築していく取り組み。行政だけでなく企業・地域・個人での取り組みや、ハード面だけでなくソフト面の取り組みも含まれる。

◆建設と不動産事業のシナジー発揮を考える

まず国土整備については、明治維新以来欧米のインフラ整備を手本にその長寿命化と高機能化に取り組んできたが、昭和の高度成長期にそのキャッチアップを達成し、令和の現在はストックを活用した新たな発展の時代に入っている。このため今後は、欧米と同様の「ストックの維持と更新を前提とした建設産業」に転換していくことになる。

考えてみると、発表された「新しい資本主義」のデザインも貯蓄から投資への転換を目指しているということで、インフラ整備と資産形成で対象は異なるものの、「国富」を対象とした観点から考えると同じ位置付けになる。いわゆる貯蓄と投資の違いはリスクの存在になるが、それによって得る利益にも差が出てくる。

この本では建設産業はフロー型の産業で不動産事業はストック型の産業だと説明してきたが、今後は建設産業でもリスクマネジメントとハイリターンを視野に入れた欧米型の経営が要求されることになる。考えてみるとＧＡＦＡＭだけでなく、ＶＩＮＣＩやＢＯＵＹＧＵＥＳ、ＡＣＳ、Ｆｌｏｕｒなど欧米建設会社の中で成長している企業は、そうした経営戦略をとっている。

これまでデジタル革命時代の成功例として紹介したソニーや富士フイルムも、本業の急激な構造変化を背景に企業構造の転換を進め新たな成長力を獲得している。日本の建設産業も、今後はリスクを前提とした成長の時代に入っていくことになる。

現在、ゼネコンでも建設と不動産事業のシナジー効果を考えた経営戦略をとる企業が現れているが、今後の継続的なインフレ経済環境を考えるとその方向が主流になっていくことだろう。

5-7

◆なぜ今建設と不動産事業の連携効果を考えるのか

前項では「新しい資本主義」のグランドデザインと実施計画の政府発表に関連して、今後はリスクとリターンを考慮した投資型経営の時代になるので、その対応策として建設事業と不動産事業のシナジー発揮を考える必要があると書いた。ここではその理由と方法について考えてみたい。

私は２０２1年7月29日付の建設通信新聞で、アフターコロナの事業環境はインフレ経済に転換すると述べた。あれから1年が経ち現在その状況は現実のものとなった。しかもロシアによるウクライナ侵攻の勃発によって物価の高騰は激しさを増し、今後それが長期にわたって続くと考えられている。

受注生産である建設業は、インフレ環境に弱い特性を持っている。その弱みを補完する戦略が建設と不動産事業のシナジー発揮であり、特に今の日本の建設産業にとってはそれが効果的な手段だと考えている。以下その理由を述べたい。

日本の建設産業はバブル崩壊後、永くデフレ経済の下で苦しんできたが、00年以降ようやく需要の回復により収益体制が改善し、累積赤字の解消に至った。しかしコロナ禍到来による需要の先行き不透明感から、当面の仕事量確保に走り今期業績は悪化している。

考えてみると、これはフロー型ビジネスである日本の建設産業の特性に起因するもので、それを改善するためには欧米型のストック利活用を前提とした建設産業に転換する必要がある。

特に産業の成熟した今後の事業環境を考えると、企業間格差の減少とコスト重視の経済活動に加え、他産業との若手就労者の確保競争激化という〝産業のトリレンマ構造〟もある。そうした状況下での持続的成長を考えると、この転換は必要不可欠なものになる。

◆公共機関における取り組みとその効果

土木事業の場合、明治以降のインフラの整備拡充期を終え、令和の現在すでにその維持更新を前提とした産業構造になっている。しかし建築の場合は依然、新規建設の認識が強く、建設サイクルの捉え方が設計から始まり建設・維持管理で終わっている。しかし建築基準法改正の動向などを見ると、維持管理や機能更新記録も重要になる。

しかも現在のＤＸ革命下でＩＴの活用を前提に考えると、その方が効率は良い。今後、図14（75ページ）に示すようなＢＩＭプラットフォームの構築が進めばインフラメンテナンスの効率は飛躍的に高まる。それにより不動産取引の活性化やコンセッション事業の拡大も進む。それは民間事業者だけでなくインフラ施設を所有する公共団体にとってもメリットが大きい。

いま関心が高まっているＳＤＧｓ（持続可能な開発目標）にも貢献でき、インフラメンテナンス事業の効率化や土木と建築の一元的管理にも繋がる。まさに産業ビッグバンのいま、建設産業のＩｏＴ＆５Ｇ時代に相応しい事業ツールだと言える。

大手建設各社は旧来から土木と建築双方の事業を手掛けており、地域建設会社でも不況下での事業継続の教訓から、その両方を視野に入れた取り組みをしている。また最近の公的組織体でも、鉄道各社や道路公団のように箱物資産活用の視点から不動産事業を重視するところが多く、地方自治体でも施設の民間事業者委託など有効活用を考える事業者が増えている。

また民間企業でも不動産業をはじめストック利活用事業の伸びは高い。その意味では、今回のインフレ環境到来が、建設産業の収益構造と企業体質改善の好機になると考えている。つながる5G時代に向けた建設産業の発展は、ひとえに自社の経営資源を活用して建設と不動産事業のシナジー効果を発揮する経営モデルの構築にかかっている。

5-8

◆日立やソニーに見る成熟企業の再発展戦略

前項では、受注生産である建設業の弱点はインフレで、その弱みを補完する戦略が建設と不動産事業のシナジー発揮にあると書いた。特に「新しい資本主義」の下ではリスクとリターンを考慮した投資型経営の時代になる。さらに現下のコロナ禍の継続やウクライナ侵攻の勃発を考えると、インフレ傾向は激しさを増し長期に続くことになるだろう。

この時代を乗り切るためには企業内で建設事業と不動産事業のシナジー発揮を考えることが不可欠である。既に述べたように、欧米の建設産業は維持と機能更新を通常業務とし、間欠的に発生する新規建設や再開発は企業発展のチャンスだと考える、注16インフラストックの利活用を前提とした事業環境の中で成長してきた。現在、都心3区や渋谷に大型工事が集中的に発生しているのは、バブル崩壊後の一極集中経済下でこの地区のビル需要が拡大していることによる。大阪の天満・御堂筋地区や福岡天神での工事発生も、同じく高度成長期に建設されビル群が更新期を迎えていることによるものだ。そう考えると日本の建設産業構造も、建築・土木ともに欧米型に移行したと見ることができる。

日立製作所は家電販売の利益を月賦販売事業の拡大に回すことで借り入れを減らして自己資金比率を高め、さらにそれを英国の鉄道運営事業に展開することで、本業成熟後の安定経営を手にした。その視点で考えると、音響事業の成熟化後に資金余力を保険やエンターテインメント事業に投資し、その効果で経営の安定を図るソニーも同じ戦略であることが分かる。

考えてみると高度成長期が続いた80年代のバブル景気の時には建設産業でも余剰資金で不動産を取得する企業が多かったが、その運営は専門会社に委託していた。そのため不況時に赤字となり、その多くを手放してしまった。

これまでのデフレ環境の下ではストックの価値上昇力が弱く、建設工事の粗利率1割と不動産手数料3％の収益構造の差ではシナジー効果を発揮できなかった。

しかし振り返って考えてみると、その時でも自社で維持管理を行った企業は、そのノウハウを蓄積して効率化を図り、自社の新たな収益事業になっている。それが現在大きな成長分野に成長しているオペレーショナルアセット事業だ。[注17]

その典型がホテルや高齢者施設の運営であり、病院や大型商業施設、公共の箱物施設の活用事業などもこの分野に入る。既存事業が成熟期を迎える閉塞期には、そのニッチやマージナル領域で次世代の成長事業を作り出すことが、次代の成長を考える重要な視点になる。


注16…インフラの整備効果にはフロー効果とストック効果がある。

フロー効果は、公共投資の事業自体によって生産・雇用や消費といった経済活動が派生的に創り出され、短期的に経済全体を拡大させる効果とされている。

一方のストック効果は、整備された社会資本が機能することで、整備直後から継続的かつ中長期にわたって得られるとされている。

ストック効果には耐震性の向上や水害リスクの低減といった「安全・安心効果」や生活環境の改善やアメニティの向上といった「生活の質の向上効果」のほか、移動時間の短縮等

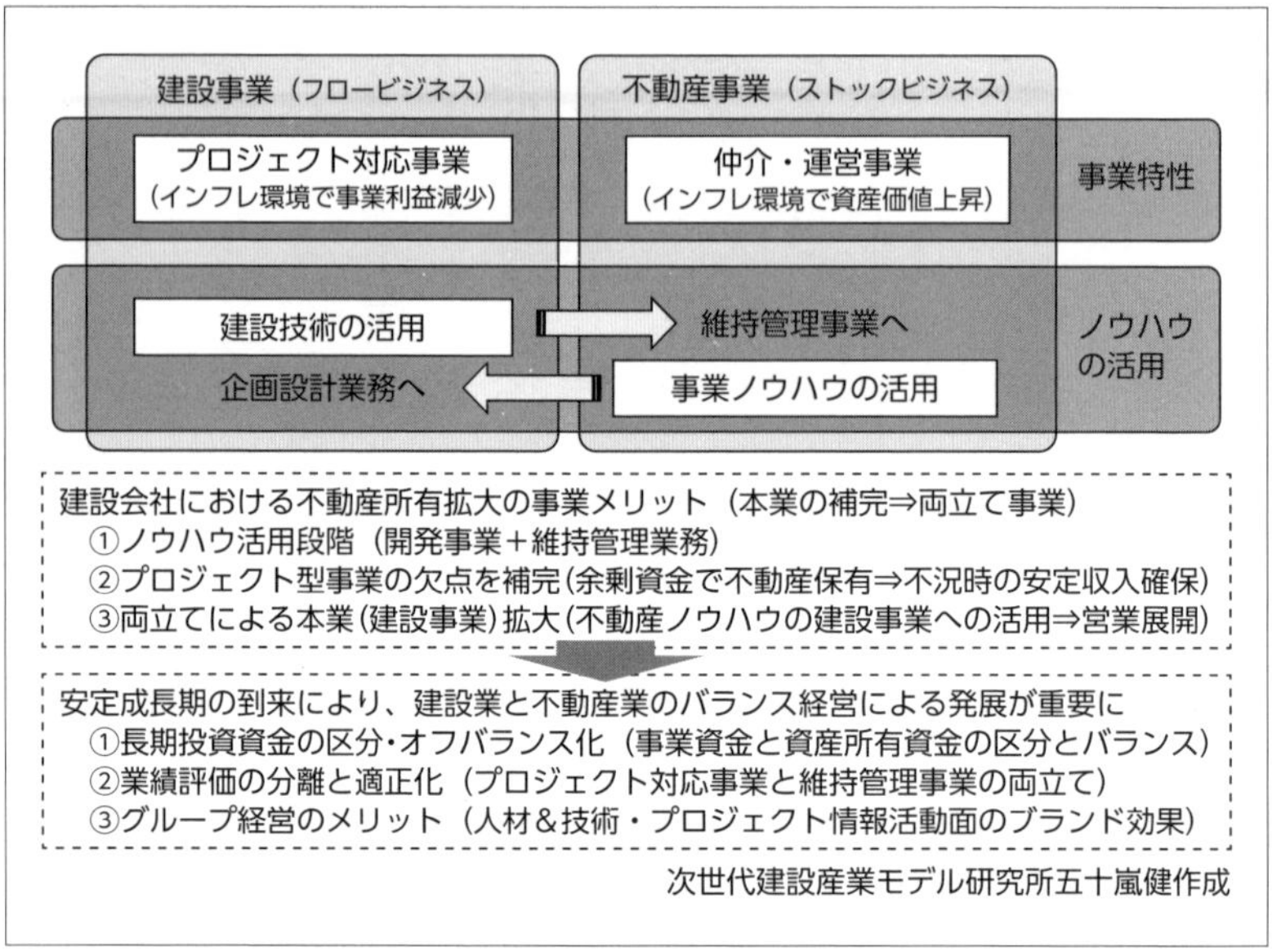
建設事業（フロービジネス）
不動産事業（ストックビジネス）
プロジェクト対応事業
（インフレ環境で事業利益減少）
仲介・運営事業
（インフレ環境で資産価値上昇）
事業特性
建設技術の活用
維持管理事業へ
ノウハウの活用
企画設計業務へ
事業ノウハウの活用
建設会社における不動産所有拡大の事業メリット（本業の補完⇒両立て事業）
①ノウハウ活用段階（開発事業＋維持管理業務）
②プロジェクト型事業の欠点を補完（余剰資金で不動産保有⇒不況時の安定収入確保）
③両立てによる本業（建設事業）拡大（不動産ノウハウの建設事業への活用⇒営業展開）
安定成長期の到来により、建設業と不動産業のバランス経営による発展が重要に
①長期投資資金の区分・オフバランス化（事業資金と資産所有資金の区分とバランス）
②業績評価の分離と適正化（プロジェクト対応事業と維持管理事業の両立て）
③グループ経営のメリット（人材＆技術・プロジェクト情報活動面のブランド効果）
次世代建設産業モデル研究所五十嵐健作成

図 27　新しい資本主義に向けた建設・不動産の連携による発展
＊シナジー効果の発揮には ROE 経営による自己資本比率の増加がポイント

による「生産性向上効果」といった社会のベースの生産性を高める効果がある。

注17…「運営管理にあたり特別な専門性が求められ、運営者の能力次第で収益が大きく変動する資産」を言い、店舗、ホテル・旅館などの昔からある用途に加え、物流施設、シェアオフィス、民泊、高齢者施設（ヘルスケア）など、不動産投資の対象としては比較的新しい用途のものにも多い。

◆インフレ環境到来は不動産活用のチャンス

持続的なインフレ環境下なら資産価値の上昇が安定的に効いてくる。欧米の建設産業発展の源泉はそこにあり、都心3区や渋谷地区を地盤とする建設会社にも余剰資金を不動産の保有に回し、建設と不動産事業のシナジー発揮を考える傾向がみられる。今回の継続的なインフレ環境の到来は、日本の建設産業が欧米型に転換するチャンスである。実際には景気波動や事業リスクがあるため客観的評価は難しいが、欧米の状況やバブル崩壊後の不動産のオフバランス化をよる不動産業の回復を考えると、その効果は無視できないものがある。

それともう一つ、明治以降150年間にわたるインフラの整備期を終え、今後その維持管理と更新需要に対応した欧米型の産業モデルに転換する必要があるが、その際課題となるのは、日本固有の条件である人口の減少と高齢化による建設産業のトリレンマと、産業の成熟化と情報革命の進行による産業価値の低減である。

5-9

◆バブル崩壊以降の成長企業に共通する事業戦略

世界は今、物資やエネルギーの価格が上昇しインフレに向けて大きく動こうとしている。その要因は情報革命とコロナ禍、それにウクライナ侵攻の勃発によるもので、情報革命は経済活動、コロナは自然災害、ウクライナ侵攻は指導者の思惑から生じたもので、その発生要因はそれぞれ異なる。

しかし社会の閉塞感とそれを打開する動きが相互に絡み合って世界的なトレンドとなる点では、産業革命から資本主義経済への発展、そして20世紀の世界大戦時代へと続く時代とおなじ流れであり、それ以前にも農業革命や大航海時代など幾度となく繰り返されてきた人類の歴史と重なるところが多い。

受注生産である建設産業は、インフレに弱い産業特性をもっているが「持続的なインフレ環境の到来は、それを乗り越えた企業にとって躍進のチャンス」になると考え果敢に取り組む必要がある。

その取り組みの優先課題は何か。私がＤＸ戦略への対応だと考えている。２０２２年6月末日に建設通信新聞が行ったオンラインシンポジウム「ＢＩＭ／ＣＩＭ　Ｌｉｖｅ」の出演者、特にそれを実施する実務技術者の悩みにそれが色濃く投影されていた。

そのためこれまで私が行ってきた「80年バブル後に成長した企業の事例研究」をもとにその対応手法を考えてみたい。

この時期は、明治以降続いた経済の高度成長期がバブル状態に至った時期である。その中で建設産業に起こった最大の変化は、江戸時代以来徒弟制度によって維持されてきた職人の育成システムが崩壊したことである。

◆独自の人材育成&活用システムを確立

製造や販売など他の産業では、明治・大正の資本主義発展期から戦後のGHQによる改革を経て、企業内の人材育成から処遇に至るシステムが近代化した。

しかし建設産業、特に主要工種である大工や土工・左官では、江戸時代から親方が職人の育成から雇用まで面倒を見るという、人材育成雇用システムが色濃く残っていた。その後遺症は、若手就業者の不足と職人の高齢化問題に見るように現在でも続いている。

その中でその変化にいち早く気付き、社内的に対応した企業があった。それが平成建設、向井建設、浜崎組などの専門工事業大手だった。ここに挙げた各社は、この講座でもしばしばその対応を紹介してきた。その共通点をまとめると、新卒学生に対する積極的なリクルート活動と採用後の体系的な社内人材育成システムの確立、そしてその特性を生かした顧客ルートの開拓の3点になる。

経営者は、自らの努力によって時代や地域ニーズの変化に対応できる事業品質とそのために生じるコスト高をカバーできるビジネスモデルの確立に心血を注いできた。そして規模の拡大や時代の変化に対応し、その改善と企業価値の劣化防止にも努めている。これはいつの時代どの産業にも共通するビジネスの鉄則でかつ各社なりの応用が可能なため、機会をとらえ詳しく紹介したい。

ただ、インフレが目前に迫る今の建設産業にとっては、デジタル革命下のビジネスでそれを即実現することが主要課題になる。それが今官民一体で取り組んでいる（1）i-Construction（ｉ－Ｃｏｎ）推進による生産性の2割ＵＰ実現と（2）働き方改革とキャリアアップ制度による就労環境改善と人材確保である。

前者は技能者不足による工事未消化問題が目前に迫っていることもあり、日建連のリーダーシップと国交省の指導による推進施策の効果により、ようやく助走期間を終え本格推進の段階に入ったように思える。

しかし後者は登録技能者や実施現場の数的増加は進み体制的には整ったものの、その実質的な効果の面で未だ大きな成果はみられず、足踏み状態にある。次項ではデジタルビジネスの特性を踏まえながら、その目詰まり状態が何に起因するのか事例を挙げて考えてみたい。

5-10

◆統計資料から見える建設産業の経営課題は

インフレ経済が目前に迫る建設産業にとって、現下の課題はデジタル革命を活用して生産性と就業者の収入向上を実現することである。それがいま、官民一体で取り組んでいる▽i-Con推進による生産性の2割UP実現▽働き方改革とCCUSの制度による就労環境改善と人材確保――の2点である。

二つの課題のうち前者は助走期間を終えて本格推進の段階に入ったように思える。しかし、後者は登録技能者や実施現場の増加など態勢は整ったものの、効果の面でいまだ大きな成果はみられていない。その目詰まりが何に起因しているのか考えてみたい。

後者は工事現場の出退管理をするITツールの利用から始まった。それは駅の改札に設置されたカードリーダーと一緒で、そこで得られるデータは正確で汎用性がある。しかし、その活用の方法はさまざまである。鉄道事業者はそれを金券として使うだけでなく、不正防止やマーケティングのデータなど、さまざまな目的に活用して事業の発展に役立てている。

キャリアアップ制度を現場で管理する建設会社では、これを現場の出退管理に使っているが、そのデータを分析すれば作業効率改善などさまざまな面で役立つ。既に大手ゼネコンでは自社の全現場を一元管理し、職人の能力評価や現場の生産性向上に役立てている。

このデータを協力会社と共同で分析・活用すれば、現場条件や作業特性を考慮した個別作業の検討にも役立つ。まさに鉄道の自動改札システムと同様の効果が得られる魔法のツールだが、現状は各社とも態勢整備の段階にあるといえる。

しかし、鉄道の改札自動化システムでも試行段階でそのメリットが分かれば、事業者も利用者もこれを積極的に使い普及や活用拡大のスピードは速まる。普及のポイントはITシステムの特性である双務契約型の情報機密保持と利用者へのメリットの理解だが、それもこれまでの普及活動の段階で終わっている。現在の目詰まりを解消するには、CCUSを核とした処遇改善成果事例をPRし、職人や下請工事業者の収入を向上させ、その効果を実感してもらうことに尽きる。それによってデータ分析や活用のメリットが分かれば活用の意欲も高まる。それ以降は就労環境改善と人材確保、i-Conの推進によって、生産性の2割UPが自律的に実現することになるだろう。

以上は大学の研究機関にいるいまの私の考えを述べてみたものだ。しかし、60歳までの第一の人生を、建設会社でマネジメント業務に携わっていた自分に話を置き換えると、そうは言えない。

駅の改札システムのデータ解析は新しい方法だが、現場管理の仕事はゼネコンのマネジメントの中核である。有能な現場所長は、自らの現場で得られるデータを分析し次の工事に生かしている。彼が工事部長や支店長になれば、それは統括する全ての現場で生かせる貴重な財産になる。

◆バブル崩壊以降、生産性向上はあったのか

製造や販売など他の業種とは異なり、プロジェクト対応が基本の建設会社では、真にそこが企業利益創出の源泉になっている。しかし、過去の統計資料を見ると、私はバブル崩壊以降の30年間、建設産業に生

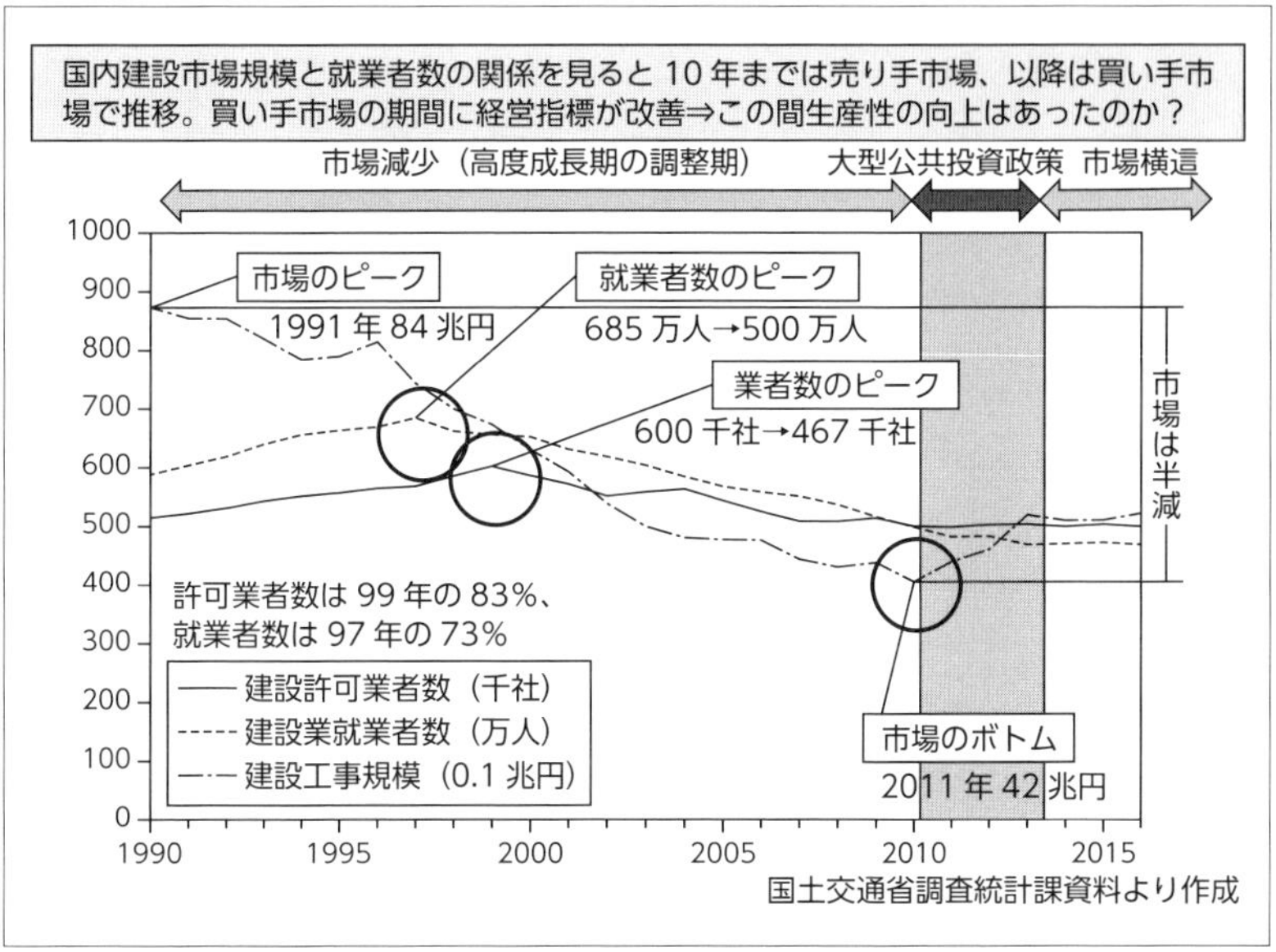

図 28　バブル崩壊後 20 年間の市場構造の変化

産性の向上があったのか疑問に思っている。

この間、気候変動の激甚化や地震災害の発生にもかかわらず、国土の強靭化は確実に進んでいる。しかし図28の資料を見る限り、建設産業として生産性の向上があったかは疑問だ。市場規模と就業者数の関係は、2010年までは売り手市場で以降は買い手市場で推移した。確かに買い手市場の期間に建設会社の経営が改善し累積赤字は解消したが、建設産業のトリレンマはいまだに解消できていない。

米国ではこの時期にGAFAMなどの巨大IT企業が生まれている。一方、日本は建設産業のデジタル対応が第3世代で「周回遅れ」になったが、両者の間は無関係ではないはずだ。

5-11

◆建設プロセス全体を3次元データでつなぐ（5G）

2022年6月末に日刊建設通信新聞社が行ったオンラインシンポジウム「BIM／CIM Live」は、出演者が各分野の一線の技術者で、実際に設計・施工段階で実践指導している人たちであった。

その出演者の話を要約すると、大手プロバイダーが提供する汎用ソフトを使ってみて「これが魔法のツールだということが分かった」、しかし「これまで実務の中で部分最適で組み上げてきた結果から、素早く全体最適解に仕上げることはなかなか難しい」と言っていた。

これまで苦労してきたBIM画面が一瞬にしてでき上がり、それを使って関係者と打ち合わせを繰り返すことで良い結果が素早く得られるが、これを使って全体最適解を一気に目指すことはなかなか難しいようだ。

確かに、得意のすり合わせ能力で補いながら関係者との合意形成を図り、全体最適解に仕上げてきた日本型の組織にとって、初めに全体を俯瞰《ふかん》してクリエーティブなシステム構築を行うことは不慣れな作業である。

00年以降、世界共通のデジタル方式である第3世代の時代が到来し、これを機に米国ではGAFAMなどの巨大IT企業が生まれた。そうした企業の創業者に共通する資質は、新たな産業が成長する時代の本質を認識し、それに最適のシステムを構築する能力だった。

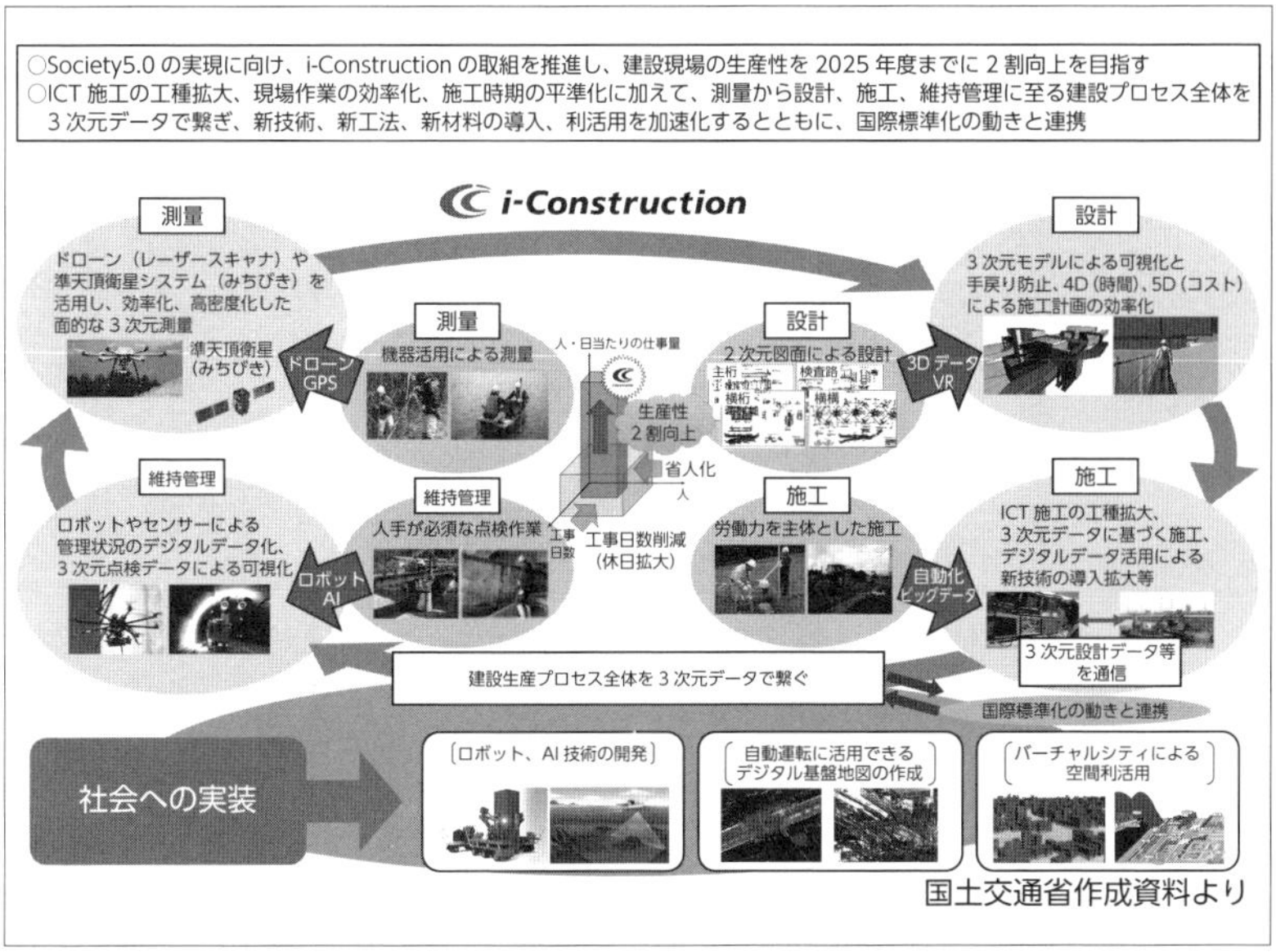

図 29　建設プロセス全体を 3 次元データでつなぐ（5G）

それに加え米国では、ベンチャー企業が離陸する時に必要な資金や人材を素早く確保できる産業基盤が形成されている。これに対し日本はその基盤が脆弱《ぜいじゃく》だが、その代わり共生型の産業風土が強く存在する。このため企業の成長力は弱いが安定性や持続性は高い。第3世代に日本の建設産業のデジタル対応が「周回遅れ」になった理由は、そのことと無縁ではないと考えている。

◆建設産業の周回遅れを逆転する力の決め手は

しかし日本の建設産業にとって、全体を俯瞰してクリエーティブなシステム構築を行うことが不得手であることが、致命傷になるとは考えていない。いま元気なソニーや富士フイルム、日立、トヨタ、パナソニックなどの企業は創業期に技術主導で成長し、その後の変革期も乗り越えてきた。

そうした企業の強さの源泉は、組織力と資金力そして人材教育投資にある。それは今風にいえば企業のレジリエンス（復元力）で、組織体が困難や脅威を受けた時にうまく適応する能力である。22年2月から続くロシアによるウクライナ侵攻でもその差が戦況に出ている。先の見えない変化の時代には、それこそが組織体の最も重要な経営資源になる。

その意味では、江戸期から今日まで変化の時代を生き抜き、00年以降に累積赤字を解消した日本の建設産業にもその力がある。ただ、これから訪れる産業ビッグバンの時代は、変化の破壊力がこれまでとは比べものにならないほど大きい。一方、グローバル化の進行により、組織体のレジリエンスの発揮はひとえにトップのリーダーシップにかかってくる。

組織体のレジリエンスは、トップの経営方針と戦略の設定とその実施によって決まる。企業は自社の強みと競合相手のそれを対比し、いまの状況に最適な経営戦略を決める。トップダウン方式の欧米では、それがステークホルダーから妥当性と可能性が高いと認識されれば一気に高まり、逆の場合には急速に弱まる。

これに対し日本型の経営では、経営戦略について所管部門が社内の意見を集約して上申することが多く、経営トップとの間に微妙な認識ギャップが存在する。建設プロセス全体を3次元データでつなぐ5G（第5世代移動通信システム）の時代には、そのギャップが大きく影響する。物言う株主問題など日本でも欧米型の企業経営が強まる傾向があり、それと対峙するトップの役割は高まる。

5-12

◆新4K「かっこいい」という言葉の共感力

2022年、米GE社の破綻が話題となった。同社はエジソンが創設した会社で時代の変化を先取りした技術志向の経営でも知られ、日本でも多くの企業がその経営をモデルにしてきた。

経営の神様と言われるジャック・ウェルチが率いていたが、デジタル革命による産業ビッグバンの中で急速に企業価値を失った。それと並行して躍進目覚ましかったGAFAMの経営手法や株価の評価にも厳しい見方が出ていた。まさにデジタル革命下での経営の厳しさを象徴する出来事だと言える。

その失敗の多くが、成果を急ぐ強引な経営手法によって社員や取引先などステークホルダーからの信頼を失い、短期的な利益は確保できても企業の持続性が失われていくことだ。そうした企業に言えることは、これまでトップが積み重ねてきた成功体験が、情報革命のもたらす組織変化の中で通用しなくなったことだ。いや見方によっては、成功体験が失敗の要因になっている。

よく見ると、そこにも前述した日米間の文化的違いがみられる。これはコロナ対応や外交・防衛問題に対する各国の違いと同様に文化的&地政学的相違によるところが大きい。いま日本で元気なソニーや日立製作所、パナソニックなどは創業期に技術主導で成長し、その後の変革期も組織力と資金力そして人材教育投資で乗り越えてきた。

その強さの源泉はまさに企業のレジリエンス（復元力）で、それは組織体が困難や脅威を受けた時には強力な求心力になる。ただこれから訪れる産業ビッグバンの時代は、変化の破壊力がこれまでとは比べものにならないほど大きいことに注意を払う必要があるだろう。

69ページで示した図12を見て分かるように、21年から1年、日本の建設業のニーズとシーズはあまり変わっていない。それは建設産業が、社会の基本であるインフラ施設の維持・管理を担うという基本役割からくるもので、気象の激甚化やインフラストックの充実など数十年単位の変化でしか変わらない。

ただ、デジタル革命の到来により今後、市場構造が大きく変わることが予想される。プロジェクト対応型の建設会社では、対象市場に対応した社内組織を基本としているが、市場構造が変わるときにはそこにニッチやマージナル領域ができる。他社に先駆けてその間隙《かんげき》に素早く対応することが、事業を拡大するチャンスになる。

これに対する議論は改めて行いたいと考えるので、ここでは今後10年間に対応を迫られる経営の課題を整理し、まとめに代えたい。

◆夢に向かい進める職場実現が若者を集める

建設会社の主な経営課題としては、▽上位企業を中心としたナンバーワン戦略▽中堅ゼネコンが目指すグローバル化対応の推進▽専門工事業が目指す人材確保システムの構築▽地域基盤企業が目指す地域維持型コンソーシアムの整備――の4つになる。各企業は自社のコンテキストを考えながら方向を定め、それに向けた経営体制を構築することになるだろう。

最後にひと言。最近、官民挙げて実現を目指している給与・休暇・希望の「新3K」に、「かっこいい」

を加えて「新4K」とする案が提唱されている。大賛成である。小学生のなりたい仕事1位は大工さんだが、私が建設業に就職したのも子どものときのその夢に向かって進みたかったからだ。

その思いはいまも変わらない。この職場に希望のある未来を実現する仕事を続けていきたい。

〈執筆者プロフィール〉

五十嵐　健（いがらし・たけし）

次世代建設産業モデル研究所所長　博士（工学）

1943年東京都に生まれる。

早稲田大学理工学部建築学科卒業後、67年不動建設株式会社入社、技術開発部長、事業開発副本部長を経て取締役中央研究所所長就任、2003年退社。

九州国際大学次世代システム研究所主任研究員を経て14年3月まで早稲田大学理工学術院客員教授。

この間、社団法人企業研究会参与として企業戦略構築（技術開発と営業システムの連携）等の研究・指導を実施。

著書に『200年住宅のすすめ――長く使える家の経済学』、『次世代建築産業戦略2025　活力ある建設ビジネス創成への挑戦』（共に日刊建設通信新聞社）など多数。

日本建築学会継続教育支援委員会、建築教育委員会委員、「建築教育の需給構造と建築職能の将来像」に関する特別研究委員会幹事等を経て、現在建築ストック経営小委員会委員。

次世代建設産業戦略2035
ストック利活用による新たな発展を目指す
発行日　2023年5月31日　初版発行

著　者　次世代建設産業モデル研究所所長
五十嵐　健

発行人　和田　恵
発行所　株式会社日刊建設通信新聞社
〒101-0054　東京都千代田区神田錦町3-13-7
（名古路ビル本館）
TEL 03-3259-8719　FAX 03-3259-8729
https://www.kensetsunews.com/
印刷製本　奥村印刷株式会社

Printed in Japan
ISBN978-4-902611-92-2